Ex Libris
SDASE

Matthias Schrader

TRANSFORMATIONALE PRODUKTE

Der Code von digitalen Produkten, die unseren Alltag erobern und die Wirtschaft revolutionieren

ÜBER DEN AUTOR

Matthias Schrader gehört zu den digitalen Pionieren in Deutschland. Mitte der 1990er-Jahre gründete er SinnerSchrader und entwickelte E-Commerce-Lösungen für Start-ups wie buecher.de, Intershop und Ricardo, deren Produkte in kürzester Zeit börsenreif waren.

1999 ging SinnerSchrader selbst an die Börse und gehörte zu den wenigen Unternehmen, die den Neuen Markt nicht nur überlebten, sondern sogar gestärkt aus dieser Zeit hervorgingen. 2006 gründete Matthias Schrader die NEXT Conference, die sich innerhalb weniger Jahre als führende Konferenz für die → Digitale Transformation in Deutschland etablierte.

Heute unterstützt der Autor bei SinnerSchrader zusammen mit über 500 Beratern, Designern und Software-Entwicklern hauptsächlich DAX-Konzerne bei der Entwicklung digitaler Produkte. Im Februar 2017 gab die weltweite Management- und Technologieberatung Accenture bekannt, SinnerSchrader für einen dreistelligen Millionenbetrag zu übernehmen.

DANKSAGUNGEN

Kein Buch entsteht von allein. Erst recht dieses nicht. Beim Schreiben stand ich auf den Schultern von viel klügeren Autoren, die ich hoffe im Anhang vollständig aufgelistet zu haben. Einzelne Abschnitte haben Martin Gassner (Product Design) und Holger Blank (Product Engineering) beigetragen. Klaus-Peter Frahm, Michael Schieben und Wolfgang Wopperer-Beholz haben mich mit der Product-Field-Methode im Jahr 2016 angesteckt, und ich bin dankbar, dass sie das entsprechende Kapitel selbst beigesteuert haben. Martin Recke kämpfte sich durch die Transkription unserer Interviewreihe aus dem Spätsommer 2016 – bevor wir gemeinsam beschlossen, noch einmal neu zu starten. Ohne ihn gäbe es das Buch nicht! Vor allen Dingen möchte ich mich bei meinem großartigen Team bei SinnerSchrader bedanken, das mir nicht nur den Rücken während des Schreibens freigehalten hat, sondern mich auch immer wieder in vielen Gesprächen unterstützt und inspiriert hat, insbesondere Axel Averdung.

Danke.

Hamburg, im März 2017

Inhalts-
verzeichnis

3 Über den Autor
5 Danksagungen
11 User Manual

12 PROLOG

14 Von null auf 120 Millionen
16 Kodak-Momente
21 Umbrüche

26	**Teil I – CASUAL ECONOMY**
28	**Der Siegeszug des Personal Computers**
28	· Moore's Law revisited
30	· Vier Zyklen des Personal Computing
30	· · Erster Zyklus: Office und Hobby (1975 bis 1995)
30	· · Zweiter Zyklus: Web und E-Commerce (1995 bis 2010)
33	· · Dritter Zyklus: Mobile (2010 bis 2020)
35	· · Vierter Zyklus: IoT und AI (2020-2025)
38	**Der Siegeszug der GAFA**
38	· Plattform-Ökosysteme
40	· Die ersten Plattformen
41	· Das Wintel-Imperium
42	· Netscape und das Web
44	· Google
49	· Amazon
52	· Facebook
53	· Apple
56	· China: Alibaba und WeChat
60	**Teil II – CODE**
62	**Transformationale Produkte**
63	· Services are eating the world
67	· Entdeckung von Nutzwert
69	**EXPERIENCE LOOP**
74	∝ **SERVICE DIFFUSION**
	Die Transformation der Nutzererwartung
76	· Casualness
77	· Radikales Nutzenversprechen
78	· 10x Value
79	· Built-in Marketing
84	⋈ **SERVICE EXPERIENCE**
	Die Transformation des Nutzerverhaltens
84	· Lock-ins
89	· User Interface

91	· User Experience
94	∞ **SERVICE CO-CREATION**
	Die Transformation der Wertschöpfung
96	· Business Model
96	· · Enrich & Defend
98	· · Create & Compose
98	· · Mix & Milk
99	· Scale
101	· APIs
104	· Data
108	**Teil III – PLAYBOOK**
110	**Building Blocks**
114	**Product Team**
117	· Product Management
119	· Product Design
121	· · Brand und Identity
122	· · Business und Service
122	· · Process und Architecture
122	· · Interaction und Interface
123	· Product Engineering
123	· · User Interface
124	· · Mobile
124	· · API Design
125	· · Cloud Integration
126	**Product Creating**
126	· Product Staging
126	· · Research
132	· · Lab
133	· · Construction
134	· · Greenhouse
135	· · Stage Gates
136	· Product Field
139	· · Frame
142	· · Map

144	· ·	Check
147	· ·	Find
150	· ·	Hands-on Product Thinking
153	·	Product Toolbox
154	· ·	Design Thinking
156	· ·	Service Design
158	· ·	Prototyping
160	· ·	Design Sprint
162	· ·	Agile Development
164	· ·	Lean
166	· ·	Testing
168	· ·	Lean Analytics
170		**Product Factory**
178		Epilog
184		Glossar
196		Quellenverzeichnis

User Manual

Das Buch besteht aus drei Teilen. Im ersten wird die Entstehung der → Casual Economy über die letzten drei Jahrzehnte nachgezeichnet. Wie konnten Google, Apple, Facebook und Amazon so dominierend werden, was ist der Code hinter ihren Transformationalen Produkten? Wenn Sie es eilig haben und das Buch schnell nutzen wollen: Heben Sie sich diesen Teil für die nächste Reise auf – aber lesen Sie ihn bei Gelegenheit.

  Im zweiten Teil des Buches erläutern wir die konkreten Eigenschaften – den Code – Transformationaler Produkte und diskutieren, was diese so erfolgreich macht. Im dritten und letzten Teil entwickeln wir ein Playbook, mit dem Sie in Ihrem Umfeld erfolgreiche Produkte entwickeln können. Hier schlagen wir auch die Brücke zwischen Produktentwicklung und der Digitalen Transformation von Unternehmen.

  Und schließlich: Dieser Text ist in Denglisch geschrieben. Im digitalen Kontext haben wir es grundsätzlich mit vielen englischsprachigen Fachbegriffen zu tun. Zusätzlich wollen wir mit diesem Buch ein Modell vorstellen, das auch in größeren Unternehmen Verwendung findet. Hier brauchen internationale Teams die gleiche Begrifflichkeit im Methodeneinsatz. Wir haben uns bemüht, die zentralen Termini in einem Glossar zusammenzustellen. Bei der erstmaligen Verwendung des Begriffes erscheint er → unterstrichen.

PROLOG

14 – *Von null auf 120 Millionen*
16 – *Kodak-Momente*
21 – *Umbrüche*

PROLOG

Von null auf 120 Millionen

"We shall meet in the place where there is no darkness."

— George Orwell, 1984 (1948)

Wir schreiben das Orwell-Jahr 1984. Auf meinem Schreibtisch steht ein Commodore 64, der über einen Akustikkoppler und Muffen aus dem Sanitärfachhandel mit einem Telefonhörer verbunden ist. Am anderen Ende des Kupferdrahtes schüttelt er sich virtuell die Hand mit einem weiteren Heimcomputer, der ebenfalls in Töne modellierte Daten sendet und empfängt. Ich bin das erste Mal online. Was ich vor über drei Jahrzehnten nicht wusste: Wir befanden uns am Anfang der ersten Welle der digitalen Vernetzung. Waren es Mitte der 1980er-Jahre ein paar Tausend Geeks meiner Generation, die ihre Computer für wenige Minuten am Tag vermaschten, so sind wir heute alle jederzeit und überall im Netz. Das Internet dringt immer tiefer in unseren Alltag und nimmt uns immer mehr Dinge ab. Es ist zur größten Bequemlichkeitsmaschine der Geschichte geworden. Das Netz verändert nicht nur unseren Lebensalltag, sondern transformiert auch die Wirtschaft. Doch wie kam es dazu, und warum hat dies so dramatische Auswirkungen für Unternehmen und ihre Produkte?

Die extreme Verdichtung der Vernetzung, die wir heute erleben, kam nicht über Nacht. Sie vollzog sich in den letzten Jahrzehnten in mehreren Wellen und begann mit kleinen Schritten. Den ersten Teil des Weges gingen 1977 Steve Jobs und Steve Wozniak. Mit dem Apple II entwickelten und vermarkteten die beiden den ersten fertig konfigurierten Personal Computer.

Es dauerte vier weitere Jahre, bis 1981 IBM den ersten PC, der auch so hieß, auf den Markt brachte. Bill Gates lieferte mit Microsoft das Betriebssystem und behielt die Rechte an MS-DOS. So richtig glaubte bei IBM niemand an den Personal Computer. Doch immer mehr Drittfirmen schrieben die ersten Programme zur Textverarbeitung und Tabellenkalkulation.

Der PC eroberte das Büro. Er wurde nützlich. Am Ende eines 20-jährigen Zyklus gab es allein in Deutschland rund 20 Millionen PCs.

Ähnlich, nur schneller und höher, rollte die zweite Welle: der Siegeszug des Webs. Von den Anfängen Mitte der 1990er-Jahre dauerte es diesmal nur etwa 15 Jahre bis zur Sättigung. Im Jahr 2007, als Steve Jobs das iPhone präsentierte, gab es in Deutschland zum ersten Mal mehr als 40 Millionen Internetnutzer. Und noch einmal schneller verläuft der Mobile-Zyklus, in dem wir uns gerade befinden. Mitte 2016 zählten die drei großen Mobilfunknetzbetreiber in Deutschland mehr als 120 Millionen aktive SIM-Karten in mobilen Endgeräten. Das Smartphone ist zur superbequemen Fernbedienung geworden, mit der immer mehr Bereiche des Alltags organisiert werden.

Willkommen in der Casual Economy!

PROLOG

Kodak-Momente

"As one industry after another looks at itself in the mirror and asks about its future in a digital world, that future is driven almost 100 percent by the ability of that company's product or services to be rendered in digital form."

– Nicholas Negroponte, Being Digital (1995)

Dass Bits gegenüber Atomen unglaublich viele Vorteile haben, ist keine neue Erkenntnis. Nicholas Negroponte hat dies schon in „Being Digital" beschrieben. Bereits damals war der grundlegende Zusammenhang erkannt. Es ist regelmäßig um Größenordnungen günstiger, Bits zu verarbeiten und zu distribuieren als Atome. So entsteht eine Digitalisierungsrendite, ohne dass sich an Geschäftsprozessen, Geschäftsmodellen oder Produkten irgendetwas ändern würde.

Doch dabei bleibt es in der Regel nicht. Das Netz hat die Geschäftsgrundlage drastisch verändert. Die Distributions- und Transaktionskosten digitaler Güter sind praktisch gleich null, was völlig neue Geschäftsmodelle ermöglicht. Die Grenzkosten digitaler Güter sind ebenfalls gleich null, weshalb digitale Güter nicht den Gesetzen der Knappheit unterliegen. Einmal produziert, können sie zu vernachlässigbaren Kosten beliebig oft kopiert werden. Das Internet ist, auch technisch, eine einzige große Kopiermaschine.

Wer versucht, auf Güterknappheit basierende Geschäftsmodelle zu digitalisieren, muss daher gegen fundamentale Kräfte ankämpfen. Dies kann nur für Produkte funktionieren, die nicht leicht substituierbar sind, und wird ansonsten in den meisten Fällen scheitern. Knapp sind heute Nutzer und ihre Aufmerksamkeit, nicht die digitalen Güter. Deshalb verschieben sich die Machtverhältnisse in der digitalen Wirtschaft zugunsten der Nutzer, Konsumenten oder schlicht: der Menschen.

In einer ersten Phase Mitte der 1990er-Jahre begann der E-Commerce dank unschlagbar günstiger Distributions- und Transaktionskosten, den Handel zu revolutionieren. An den Produkten selbst änderte das zunächst nichts. Heute transformiert das Netz hingegen auch die Produkte, indem es zum Kern des Produkterlebnisses wird und häufig Netzwerkeigenschaften den Wert kreieren. Produkte schrumpfen zu einer App für das Smartphone. Die beste → User Experience (UX) setzt sich durch, erreicht mehr Nutzer als konkurrierende Angebote und verdrängt diese über kurz oder lang vom Markt. Die User Experience von Uber schlägt nicht nur das bisherige Taxierlebnis, sondern substituiert tendenziell auch den Besitz eines eigenen Autos. Die Atome eines Taxis sind weniger wichtig für das Produkt „Mobilität" als die Bits, die das Netz von Uber repräsentieren. Digitale Produkte bereichern für den Nutzer die Produkterfahrung, während traditionelle Produkte zur → Legacy sowie um Interface und Kundenzugang beraubt werden.

Durch die Digitalisierung wird sichtbar und greifbar, was neuere Theorien in den Wirtschaftswissenschaften, wie die → Service-Dominante Logik (S-DL), seit einigen Jahren postulieren: Für den Konsumenten hängt der Wert nicht am physischen Produkt, sondern am Gebrauchswert, der sich erst durch den Nutzer selbst realisiert. Das eigentliche Produkt ist der Service, der sich digital sehr viel günstiger und schneller darstellen lässt als die Welt der Atome: Digitale Services werden viel schneller viel besser als physische Produkte.

Ein digitaler Service besteht im Kern aus Software, und Software folgt kürzeren Entwicklungszyklen als Hardware. Amazon aktualisiert seine

Software zu Spitzenzeiten mehr als 1.000-mal – pro Stunde. Software-Updates sind aber nicht nur häufiger als neue Hardware, sie werten auch bereits vorhandene Hardware auf. Tesla ist inzwischen dazu übergegangen, die Hardware für autonomes Fahren serienmäßig in seine Autos einzubauen, obwohl die Software dafür noch nicht fertig ist. Sie kann später per Update und gegen Aufpreis aufgespielt werden. → Functions-on-Demand sind der stärkste Indikator für diesen Paradigmenwechsel von Atomen zu Bits. Ohne Software ist Hardware wertlos. Zur Beschleunigung trägt zudem die Virtualisierung bei. Dabei wird Hardware durch Software nachgebildet, wodurch – von der eigentlichen Hardware abstrahiert – die Physik effizienter genutzt werden kann. Die Hardware selbst wandert zunehmend in die Cloud.

Clayton Christensen wies in seinem 1997 erschienenen Bestseller „The Innovator's Dilemma" präzise auf den folgenden Widerspruch hin: Für etablierte Unternehmen ist es rational, sich auf ihre profitabelsten Kundensegmente und Produktkategorien zu konzentrieren. Sie ignorieren neue, disruptive Technologien, die nicht die Bedürfnisse ihrer besten Kunden erfüllen oder nicht in ihr bestehendes Geschäftsmodell passen. Neue Technologien sind nämlich oft den etablierten Produkten nur in Teilaspekten überlegen und in anderen Facetten deutlich schlechter. Ihnen gelingt der Markteintritt zunächst oft nur am unteren Ende oder in teuren Nischen.

Es ist sehr schwer, diese Entwicklung rechtzeitig zu erkennen. In der digitalen Welt entwickeln sich viele Parameter – wie Rechenleistung, Speicher, Bandbreite – exponentiell. Jede Generation verdoppelt ihre Leistung. Da das Ausgangsniveau jeder neuen Technologie bei null liegt, ist der schwerste Schritt der erste – von „Zero to One", wie es in dem gleichnamigen Buch des PayPal-Mitgründers Peter Thiel heißt. Systeme, die exponentiellen Regeln unterliegen, wachsen zunächst langsam. Erst nach zehn Verdoppelungen ist die Tausendermarke überschritten, doch schon nach weiteren zehn Verdoppelungen die Millionenschwelle und nach noch einmal zehn Verdoppelungen schließlich die Milliardengrenze. Aber das gilt nur im Modell. In der realen Welt wirken auf den exponentiellen Graphen eine dämpfende Sättigungsfunktion und disruptive Abbruchkanten in Form von Wettbewerb. Nur aus dem technologischen Fortschritt allein lassen sich kaum robuste Unternehmen begründen. Andy Grove, der Intel zum erfolgreichsten Chip-Produzenten formte, betitelte seinen Managementbestseller daher zu Recht mit „Only the Paranoid Survive".

Solange ein Produkt und ein Geschäftsmodell funktionieren, ist der Veränderungsdruck begrenzt. Gerade große Unternehmen sind extrem gut darin, einmal etablierte Produkte und Geschäftsmodelle sehr systematisch zu verfeinern und inkrementell zu verbessern. Kodak ist dafür ein Paradebeispiel. Das Unternehmen hatte immer sehr hohe Forschungs- und Entwicklungsaktivitäten sowie große Labors und investierte viel in Innovation. Trotzdem wurde es schließlich überrollt von der Digitalisierung, die den chemischen Filmprozess obsolet machte. Das alte Geschäft lief einfach zu lange zu gut. Auch weil Kodak es von Jahr zu Jahr immer wieder schaffte, das bestehende Produkt zu verbessern.

Hinter der Ablehnung der Digitalkameras steckte nicht zwingend Arroganz, denn weder das Unternehmen noch die Menschen, die dort arbeiteten, waren dumm. (Im Gegenteil: Es sind in der Regel schlaue Menschen, die sehr genau schauen, was funktioniert und was nicht.) Wenn sie ihre Kunden befragten, dann bekamen sie beispielsweise zur Antwort: Wir möchten einen Film haben, der noch leuchtendere Farben hat, sich noch schneller entwickeln lässt und noch unempfindlicher ist gegen Belichtungsschwankungen, wie man sie bei der Fotografie häufig hat.

Genau diese Produkteigenschaften hat Kodak von Jahr zu Jahr stetig versucht zu verbessern. Schließlich konnte sich kaum ein Konsument vorstellen, wie Fotografie komplett anders funktionieren könnte – nämlich mit einem digitalen Chip. Und verzwickterweise war das digitale Bild am Anfang noch dramatisch schlechter als das chemisch prozessierte Foto, dessen Verfahren über Jahrzehnte hinweg optimiert wurde. Das alte Produkt ist an seinem Höhepunkt fast immer der disruptiven Konkurrenz überlegen, die sich von den Rändern des Marktes heranpirscht.

Die ersten kommerziellen Digitalkameras lösten viel gröber auf als Spiegelreflexkameras in Kombination mit traditionellen Filmen. Elektroautos sind Verbrennern in Aspekten wie Reichweite und Preis unterlegen. YouTube-Videos waren am Anfang viel schlechter als das Fernsehbild – das

PROLOG

Bild ruckelte, der Bildschirm war klein und die Bildqualität schlecht. Trotzdem setzen sich die Streamingformate gegen das lineare TV zunehmend durch. Digitale Produkte haben entscheidende Vorteile: Die grundlegende Infrastruktur entwickelt sich exponentiell, wie wir im Folgenden sehen werden. Durch die Vernetzung und die damit einhergehenden Netzwerkeffekte kommt noch eine zusätzliche Nutzendimension hinzu.

Der Intel-Mitgründer Gordon Moore prognostizierte in den 1960er-Jahren, dass sich die Transistorendichte von integrierten Schaltungen jährlich verdoppeln würde. Bis heute hat sich diese Prognose erstaunlich lange bewährt, auch wenn sich die Verdoppelung bereits seit den 1970er-Jahren eher bei rund 18 Monaten einpendelt. In dieser Zeitspanne steigert sich die Leistungsfähigkeit von Chips oder Speichermedien um den Faktor zwei – zum gleichen Preis.

Das exponentielle Anwachsen der Rechenleistung bedeutet gleichzeitig auch den dramatischen Preisverfall von Rechenleistung, Speicherkapazität, Sensorik und Netzwerkbandbreite. Unser Zeitalter der Digitalisierung ist im Kern eigentlich ein Zeitalter der Vernetzung. Durch den Preisverfall diffundierte die Netzwerkfähigkeit von zentralen Groß- und Abteilungsrechnern über Personal Computer zu Smartphones und wird schließlich unter dem Begriff → Internet of Things (IoT) ubiquitär. Schon für wenige Eurocent-Beträge kann heute alles ins Netz eingebunden werden. Der Mix aus immer leistungsfähigeren, vernetzten Devices und globalen Cloud-Infrastrukturen befeuert eine Explosion von neuen Services und Produkten.

Schon vor der Digitalisierung verzweifelten Unternehmen daran, ihr profitables (Alt-)Geschäft durch weniger profitables Neugeschäft und zunächst qualitativ schlechtere Produkte zu kannibalisieren. Seitdem gilt es als gesichertes Wissen, dass disruptive Innovation quasi von außen kommen muss, weil Unternehmen systematisch blind dafür sind und es vielleicht sogar sein müssen. Doch stimmt das eigentlich? Ist es wirklich so, dass Unternehmen im Grunde nur abwarten können, bis jemand von außen kommt und ihr Geschäft ruiniert? Oder können sie disruptive Innovationen auch selbst schaffen?

Umbrüche

"An iPod, a phone, and an Internet communicator. An iPod, a phone... Are you getting it?"

– Steve Jobs, iPhone Introduction (2007)

Allerdings: Auch die meisten Start-ups scheitern. Und das, obwohl sie vollkommen digital arbeiten, Digital Natives an ihrer Spitze stehen und sie eine digitale Kultur leben. Würden alle Unternehmen mit der gleichen Erfolgswahrscheinlichkeit wie Start-ups arbeiten, wäre unsere Wirtschaft – rein statistisch – bereits Geschichte.

Wenn es aber nicht Kultur und Methoden sind, was ist dann der Unterschied, der den Unterschied macht? Es sind die Produkte, die das Potenzial besitzen, das Konsumentenverhalten, den Markt und das Unternehmen zu transformieren. Nur Produkte, die im heutigen digitalen Ökosystem Wert für die Nutzer kreieren, erhöhen die Zukunftsfähigkeit von Unternehmen.

Die durchschnittliche Dauer der Zugehörigkeit zum S&P 500, der die 500 größten börsennotierten US-amerikanischen Unternehmen abbildet, war bereits 2012 auf nur noch 18 Jahre gefallen. 1980 waren es noch 25 Jahre und 1958 gar 61 Jahre. Bleibt es bei der derzeitigen Rate, werden bis 2027 drei Viertel des S&P 500 ausgetauscht. Innerhalb der nächsten zehn Jahre werden demnach 75 Prozent aller Großunternehmen im S&P 500 bereits den gesamten Aufstiegs- und Abstiegszyklus eines Börsenindex durchlaufen haben. Dies zeigt schlaglichtartig, wie schwer es geworden ist, über einen längeren Zeitraum relevant zu bleiben. Denn wenn Unternehmen untergehen, dann deshalb, weil ihre Produkte nicht mehr relevant sind. So wie

PROLOG

mit der Vorstellung des iPhones im Jahre 2007 durch Steve Jobs die Zukunft von Nokia und Blackberry vorgezeichnet war.

Um ihre Überlebenswahrscheinlichkeit zu erhöhen, müssen etablierte Unternehmen eine Pipeline künftiger Transformationaler Produkte aufbauen. Sie können nicht nur wie Start-ups auf ein Pferd setzen. Es braucht einen Mix aus Eigenentwicklung, Partnern und Zukäufen. Ähnlich arbeiten auch Risikokapitalgeber, die ein Portfolio von Start-ups aufbauen. Google ist mit Alphabet gleich eine ganze Reihe von gigantischen Wetten eingegangen. Sie wissen genau: Ihr heutiges Produktportfolio ist nicht nachhaltig. Larry Page und Sergey Brin gehen mit Alphabet im Wortsinne große Wetten auf die nächsten Blockbuster-Produkte ein. Diese Produkte zu entwickeln und damit die Pipeline zu füllen ist die Aufgabe von Alphabet.

Erfolgreiche digitale Produkte transformieren das Verhalten der Nutzer. Sie sind Habit-Forming Products (Nir Eyal), die Gewohnheiten verändern. Larry Page macht mit jeder neuen Produktidee den Zahnbürstentest: Ist dies etwas, was ich jeden Tag ein- oder zweimal nutzen würde, und macht es mein Leben besser? Es geht um Relevanz im Alltag der Nutzer und darum, das Verhalten nachhaltig zu verändern.

Die Wertschöpfungskette dreht sich in der digitalen Ära um: Die höchste Wertschöpfung entsteht regelmäßig an der Nutzerschnittstelle – darum ist deren Kontrolle so wichtig. Mit dem veränderten Nutzer- und Konsumentenverhalten wandelt sich schließlich auch der Markt und dann – bei hinreichendem Erfolg – das eigene Unternehmen. Das Unternehmen verändert sich in diesem Prozess zuletzt – und eben nicht zuerst. Die Digitale Transformation findet zuerst beim Nutzer statt, dann im Markt und zuletzt im Unternehmen.

Die Entwicklung von Transformationalen Produkten ist nicht trivial. Es geht im Kern um die Entdeckung von Kundennutzen, Findung einer schlüssigen Produktform und Ausgestaltung eines Geschäftsmodells. Dieser Prozess lässt sich nur schwer planen und gleicht eher einer verschlungenen Reise. Es muss viel probiert und getestet werden. Das ist aufwendig, kostet Zeit und kann in Sackgassen enden. Deshalb beschäftigen sich Unternehmen auch oft mit vielen anderen Dingen, die besser planbar sind, wie Marketing,

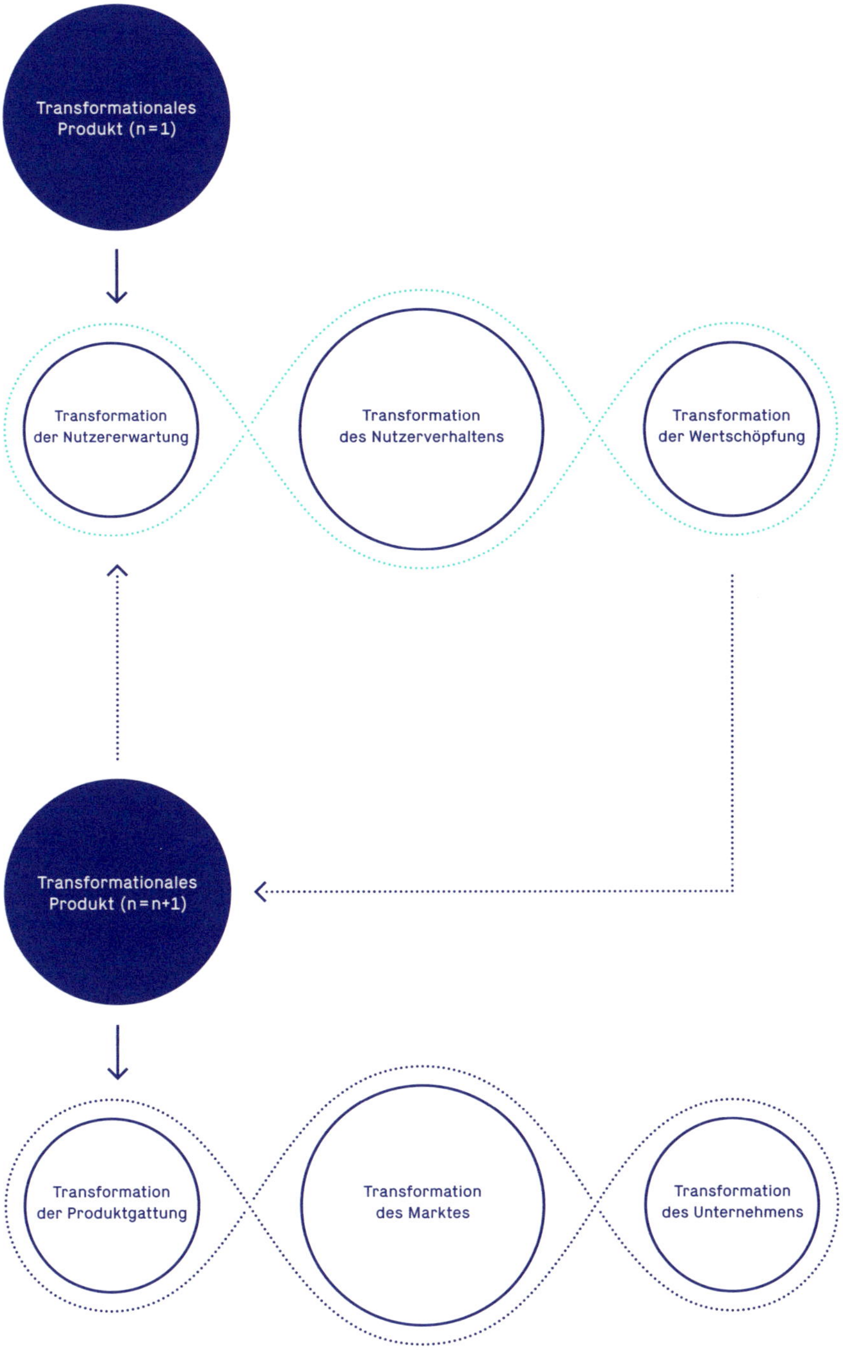

Abb. 1: Digitale Transformation

Vertrieb, Einkauf, Controlling und so weiter. Kurz: mit inkrementellen Verbesserungen und Risikovermeidung. Aber schon Peter Drucker, der Pionier der modernen Managementlehre, wies darauf hin, dass erfolgreiche Unternehmen perfekt darin seien, Dinge richtig zu machen. Aber in Zeiten von Veränderungen und Umbrüchen sei es wichtiger, die richtigen Dinge zu tun.

    Davon soll dieses Buch handeln.

UMBRÜCHE

TEIL I

26 – 59

CASUAL ECONOMY

28 – *Der Siegeszug des Personal Computers*
38 – *Der Siegeszug der GAFA*

TEIL I – CASUAL ECONOMY

Der Siegeszug des Personal Computers

MOORE'S LAW REVISITED

→ Moore's Law bildet seit über 50 Jahren so etwas wie das Axiom der Digitalen Transformation. Nach sieben Moore-Zyklen, also gut zehn Jahren, kostet ein PC für ursprünglich 1.000 Dollar nur noch so viel wie ein Pfund Kaffee. Nach weiteren sieben Moore-Zyklen, also 21 Jahren, ist der Preis unter 10 Cent gefallen. Parallel zum Preis schrumpft auch die Hardware selbst. Der Raspberry Pi zum Beispiel ist ein vollwertiger PC mit den Abmessungen einer Kreditkarte. So kommt es, dass sich heute die Rechenleistung eines handelsüblichen PCs der 1990er-Jahre für wenige Cent in alle möglichen Geräte unseres Alltags einbauen lässt.

Die exponentielle Entwicklung der Halbleitertechnologie lässt sich aber nicht 1:1 darauf übertragen, wie sich Geschäftsmodelle verändern oder wie neue Produkte adaptiert werden. Hier folgt die Entwicklung regelmäßig der Form einer S-Kurve. Auf die exponentielle Kurve – die zum Beispiel die Anzahl der Transistoren auf einem Mikrochip abträgt – wirkt zeitgleich mit dem Wachstum eine verbrauchende Ressource. Für die Adaption neuer Produkte liegt die Obergrenze beim jeweiligen Marktpotenzial. Selbst Produkte, die der Möglichkeit nach für die gesamte Bevölkerung relevant sind, haben kein unbegrenztes Potenzial.

S-Kurven nehmen nur langsam Fahrt auf. Die Entwicklung der PC-Technologie begann in den 1970er-Jahren mit dem Altair 8800 (1975) und dem Apple II (1977). Der PC-Zyklus beschrieb anfangs eine ganz langsame Kurve. Zu den Anfängen gehörte auch die erste Homecomputer-Welle: die Commodore-, Texas-Instruments- oder Sinclair-Rechner. 1981 erschien der IBM-PC, und Microsoft lizenzierte sein Betriebssystem. Es entstanden die ersten PC-Anwendungen, und der PC zog aus dem Hobbyraum ins Büro um. Dieser Prozess dauerte bis Mitte der 1990er-Jahre, sodass die erste S-Kurve bis zur Sättigung rund 20 Jahre benötigte. Ähnlich verlief die Marktdurchdringung des Webs von 1995 bis 2010. Diesmal brauchte es einen Zyklus von knapp 15 Jahren, um 40 Millionen Internetnutzer in Deutschland zu erreichen. Noch einmal schneller verläuft der Mobile-Zyklus, in dem wir uns gerade befinden. Bis zum Jahr 2020 wird eine Sättigung erreicht sein, und praktisch die gesamte Bevölkerung über 13 Jahren wird ein Smartphone nutzen.

Wir sehen im Vergleich der drei S-Kurven also eine Beschleunigung. Jede Technologiegeneration profitiert von den Moore'schen Leistungssprüngen und Kosteneffekten, sodass immer mehr Menschen in immer kürzeren Zyklen erreicht werden. Kostete der erste PC noch zwei Monatsgehälter, so zahlte der Durchschnittsverbraucher für ein Notebook von Medion in den Jahren um die Jahrtausendwende noch ein Drittel eines Monatsgehalts, und ein Smartphone kostet heute, wenn es durch den Netzbetreiber subventioniert wird, einen Euro. Die Apple Watch des Jahres 2017 hat die vierfache Rechenleistung einer Cray-2, des Mitte der 1980er-Jahre weltweit schnellsten und teuersten Supercomputers. Die exponentielle Entwicklung der Technologie erklärt also die schnellere Adaption neuer Technologiezyklen: Die Durchdringung verläuft zügiger, die S-Kurven werden in der Horizontalen kürzer und zugleich höher in der Vertikalen.

Was den Smartphone-Markt angeht, so befinden wir uns gerade am Wendepunkt des Wachstums. Man kann schon wieder erahnen, dass die nächste S-Kurve beginnt.

VIER ZYKLEN DES PERSONAL COMPUTINGS

Erster Zyklus: Office und Hobby (1975–1995)

Als Jeff Bezos 1994 Amazon gründete, war das Internet noch eine Nischenanwendung des PCs, der lediglich per Modem Anschluss ans Netz fand. Gleichzeitig verlor die PC-Revolution, die in der zweiten Hälfte der 1970er-Jahre begonnen hatte, bereits deutlich an Momentum. Apple, Microsoft und Intel hatten die Computertechnologie erfolgreich in Büros und häuslichen Arbeitszimmern etabliert, und eine erste Marktsättigung zeichnete sich ab.

Zweiter Zyklus: Web und E-Commerce (1995–2010)

Die zweite Welle begann Mitte der 1990er-Jahre mit dem Durchbruch des Webs. E-Commerce wurde zur ersten Killerapplikation des Netzes. Von 1996 bis 2001 erlebte der Online-Handel seinen ersten großen Boom. Dabei wurde im Wesentlichen ein bekannter Prozess lediglich digitalisiert: der Direktverkauf. Was die Versender bereits seit den 1950er-Jahren praktizierten, nämlich über einen Katalog direkt Konsumenten zu verkaufen, wurde elektrifiziert.

Das Web begann, das Marketing nachhaltig zu verändern, und wirkte in unterschiedlicher Intensität auf die klassischen Instrumente des Marketingmix, die vier Ps, die für Product, Price, Promotion und Place stehen. Zunächst betraf die Digitalisierung nur das letzte P (Place), also den Ort des Einkaufs und die Distributionswege. Diese Veränderung hat sich, beginnend mit den ersten E-Commerce-Versendern, nach und nach über fast sämtliche Branchen ausgebreitet. Ein Digitalisierungsschock in der Wirtschaft blieb zunächst aus, denn der E-Commerce beschränkte sich anfangs auf Branchen, die schon seit Jahrzehnten das Phänomen Direktvertrieb kannten. Der Marktanteil lag im Distanzhandel jahrzehntelang bei stabilen 15 Prozent, und der E-Commerce brauchte mehr als ein Jahrzehnt, um diese Schwelle zu durchbrechen und transformatorische Wirkung auf den gesamten Einzelhandel zu entfalten.

Im ersten Schritt wurde das klassische Mailorder-Geschäft lediglich elektrifiziert und damit effizienter. OTTO, Quelle und Neckermann realisierten zunächst Rationalisierungsgewinne und betrachteten das Netz als Stärkung

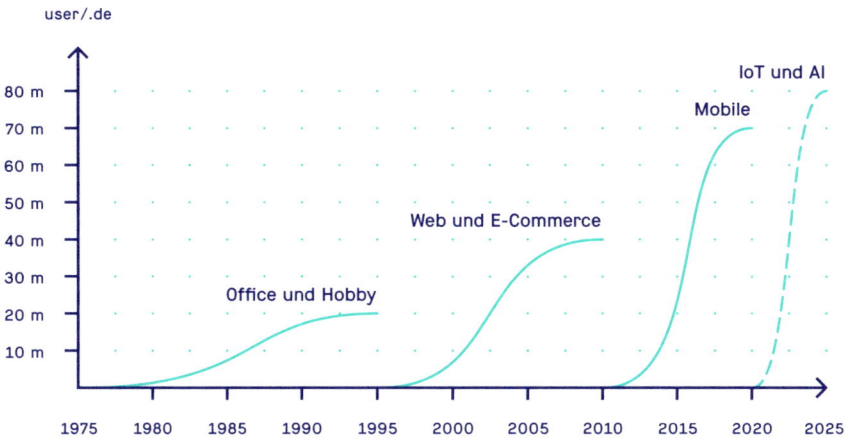

Abb. 2: Vier Zyklen des Personal Computings

ihres traditionellen Geschäftsmodells – von Disruption war nichts zu spüren. Doch diese war längst im Gange und wurde von einem unerschrockenen Start-up aus Seattle vorangetrieben. Jeff Bezos hatte Amazon mit der Vision gegründet, der größte Retailer der Welt zu werden. Es war ihm eigentlich egal, mit welchem Sortiment er startete. Entscheidend war der erste Schritt: von null auf eins. Bezos entschied sich letztlich für Bücher, denn diese hatten gleich mehrere Vorteile: Sie waren logistisch einfach zu handhaben und wurden von sehr vielen Menschen nachgefragt.

Vor allem gab es aber im Buchmarkt Zwischenhändler, die Millionen von Titeln bevorrateten und innerhalb eines Werktages an jede Buchhandlung des Landes zustellen konnten – also auch an Amazon. Buchhändler verkaufen Ware an ihre Kunden, die sie teilweise gar nicht im Regal haben. Der Kunde ging zum Buchhändler, weil er schon vorher wusste, was er wollte, und der Buchhändler besorgte es ihm durch den Zwischenhandel. Gleichzeitig stellten die Zwischenhändler dem Handel Produktkataloge zur Verfügung, die den gesamten lieferbaren Bestand an Titeln im Buchmarkt abbildeten. Zunächst in Papierform, aber ab Anfang der 1990er-Jahre auch bereits digital.

Amazon hätte die Erstellung eines eigenen Katalogs damals noch nicht leisten können und griff so auf den des Zwischenhändlers Ingram Book in den USA zurück. In Deutschland nahm Georg Lingenbrink (kurz: Libri) diese Position ein. Auf den Schultern von Großhändlern stehend, die Logistik und Kataloge stellten, konnte Amazon bereits als Garagenunternehmen gerichtsfest behaupten, der größte Buchladen der Welt zu sein – was Amazon dann auch wurde. Und noch viel, viel mehr.

Katalog und Logistik waren in den 1990er-Jahren die Eintrittskarte für den Einstieg in den E-Commerce. Erst wenige Branchen waren betroffen, und der Prozess verlief zunächst langsam. Es gab noch nicht viele Internetnutzer, und der Anteil derer, die im Internet auch kauften, war gering. Doch er wuchs stetig mit den positiven Erfahrungen, die Konsumenten im Netz machten. Die meisten Branchen spürten von diesen fundamentalen Entwicklungen erst einmal wenig. In Bereichen wie Banking, Versicherungen, Automotive oder Telekommunikation beobachtete man zwar interessiert, was da passierte, hielt es aber für ein Nischenthema und fühlte sich selbst nicht bedroht.

Das änderte sich mit dem Internetboom Ende der 1990er-Jahre. Venture-Capital-Firmen päppelten nach den ersten erfolgreichen Börsengängen von Netscape und Yahoo Hunderte von Start-ups mit hohem Kapitaleinsatz auf und ebneten ihnen den schnellen Weg an die Börse. Allerdings veränderten Konsumenten ihr tägliches Nutzungsverhalten nicht so schnell, wie Investorengelder in den Markt flossen. Im Jahre 2001 platzte die Blase. Zu viel Geld, das zudem vor allem für Werbung und nicht für Produktentwicklung ausgegeben wurde, strömte zu schnell in einen Markt, in dem die Nutzer sich noch im ersten Drittel der S-Kurve befanden. Mitte 2001 dachten die meisten Manager, nun sei der digitale Spuk wieder vorbei und das Netz würde ein Randphänomen bleiben.

Aber die Menschen nutzten das Netz immer intensiver. Das Netz erreichte immer weitere Nutzerkreise. Man wollte dabei sein. eBay half, den Dachboden zu entrümpeln, Amazon füllte den Briefkasten mit Büchern sowie CDs, und den günstigsten Flug nach Mallorca gab es nur bei HLX.com. Die E-Mail-Adressen von GMX und Web.de fanden eine Druckzeile auf privaten

Visitenkarten. Auf motor-talk.de wurde der nächste Autokauf wochenlang und leidenschaftlich diskutiert.

Die Internetblase platzte für die Anleger, doch die Nutzung des Netzes hatte seinen → Tipping Point überschritten: Menschen kauften jetzt PCs, um das Netz zu nutzen. Der Webbrowser war kein Gimmick des PCs mehr, sondern hatte sich von ihm emanzipiert und war die Killer-App geworden. Der PC verlor seine stromführenden Fesseln und wanderte in Gestalt des Notebooks aus dem Arbeitszimmer ins Wohnzimmer, in die Küche und ins Schlafzimmer. Dank WLAN war der Rechner „always on". DSL- und Kabelanbieter boten Flatrates an, der Internetzugang wurde nicht mehr minutenweise abgerechnet wie im Zeitalter von AOL und CompuServe.

So wurde das Netz Bestandteil des Alltags, und die Nutzungszeiten stiegen und stiegen. Die Zahl der Internetnutzer in Deutschland explodierte von 20 auf 40 Millionen, sodass fast jeder Haushalt Zugang zum Internet bekam. Immer mehr Alltagsroutinen wurden unmerklich digitalisiert. Das Banking wurde zum Online-Banking, der Versicherungsvertreter wurde durch Preisaggregatoren ersetzt, die in Sekundenschnelle die jeweils günstigsten Kfz-Versicherungen ermittelten. Jede Kaufentscheidung passierte zunächst den Google-Suchschlitz, wurde im Netz vorbereitet und immer öfter dort auch abgeschlossen.

Dritter Zyklus: Mobile (2010–2020)

Exakt 30 Jahre nach der Premiere des Apple II startete Steve Jobs 2007 mit der Vorstellung des iPhones den nächsten Zyklus, um die Idee des von ihm selbst maßgeblich geprägten (Desktop-)PCs zu überwinden. Diesmal waren es nicht IBM und Microsoft, die sein Konzept kopierten, sondern Google mit dem Android-Betriebssystem. Apples iPhone und Googles Android begründeten den Smartphone-Boom. Dank ihrer magischen Touch-Oberfläche und Internetfähigkeit wurden sie zu unmittelbaren Blockbuster-Produkten und krempelten zum Entsetzen der damals dominierenden Player – insbesondere Nokia und Blackberry, aber auch Microsoft – den Markt radikal um.

Mittlerweile sind Smartphones – auch mit ihren größeren Geschwistern, den Tablets – so leistungsfähig geworden, dass sie dem klassischen PC zunehmend Marktanteile abnehmen. Während der PC das Internet in die Haushalte brachte, vernetzt das Smartphone durch seine ubiquitäre Durchdringung die Menschen. Der Meilenstein von fünf Milliarden Smartphones weltweit ist mittlerweile in Sicht. Das Smartphone bringt eine neue Intensität des Digitalen in den Lebensalltag der Menschen. Der Imperativ der Gegenwart lautet: Alles, was auf dem Smartphone erledigt werden kann, wird auf diesem erledigt. Im Umkehrschluss: Alles, was dort nicht stattfindet, findet nicht statt.

Im dritten Zyklus der Digitalisierung werden zunehmend mehr Bereiche unseres Alltags primär durch das Netz strukturiert – die digitale → Customer Journey wird der dominierende Pfad. Das betrifft nicht nur die Bereiche Kommunikation, Unterhaltung, Information und Einkaufen. Das Netz durchwirkt den Alltag der Menschen heute wesentlich tiefer: Mehr als 150-mal greift der durchschnittliche Nutzer täglich zu seinem Smartphone. In diesen kurzen digitalen Momenten nutzen wir Microservices, die auf uns zugeschnitten sind und uns dargeboten werden.

Das Smartphone ist zur mächtigen Fernbedienung geworden, mit der Menschen Leistungen direkt anfordern. Jedes Unternehmen muss sich daher sehr intensiv damit beschäftigen, wo sein Platz auf der Fernsteuerung ist und wie er in dieser Umkehrung der klassischen Wertschöpfungskette eine nachhaltige → Value Proposition für den Nutzer entfalten kann. Mit der ubiquitären Nutzung des Smartphones findet nicht nur eine weitere Umsatzverschiebung Richtung E-Commerce statt, die übrigen Marketinginstrumente (Product, Price, Promotion) müssen vielmehr auch aus digitaler Perspektive neu gedacht werden.

Eigentlich eine Selbstverständlichkeit, doch immer wieder in der Konsequenz häufig nicht deutlich genug priorisiert: Die Preistransparenz (Price) des Netzes erzeugt brutalen Druck auf viele angestammte Geschäftsmodelle. Auch die Werbung (Promotion) wandelt sich komplett. Klassische Unterbrecherwerbung, wie sie 150 Jahre lang funktionierte – von den ersten Tageszeitungen Mitte des 19. Jahrhunderts über Zeitschriften, Kino und Radio bis hin zum Fernsehen –, ist ein auslaufendes Modell. Der digitale Nutzer lässt sich nicht unterbrechen, höchstens gelegentlich mal unterhalten, und zeigt hohe Reaktanzen gegenüber klassischer Werbung. In keinem anderen Land weltweit ist die Quote der Adblocker-Nutzer so hoch wie in Deutschland. Werbung wird nur noch akzeptiert, wenn sie hochrelevant und persönlich auf den Nutzer zugeschnitten ist. Hier besitzen die → GAFA – das Akronym steht für Google, Apple, Facebook und Amazon – durch ihren Datenreichtum eine Schlüsselposition. Allein: Das dahinterliegende Auktionsmodell sorgt für steigende Ineffizienzen. Wir werden später diskutieren, inwiefern das digitale Werbesystem heute für Unternehmen in hohem Maße dysfunktional geworden ist.

Die Digitalisierung ist daher in der Konsequenz eine gewaltige Herausforderung für das Produkt, das vierte P im Marketingmix. Die Waffen der Werbung (Promotion), Distribution (Place) und Preispolitik (Price) sind stumpf geworden, die Differenzierungsoptionen knapp.

Vierter Zyklus: IoT und AI (2020–2025)

Das Apple-Management gab im Sommer 2016 der Fast Company ein langes Interview, in dem es prognostizierte, dass das iPhone noch einmal zehn goldene Jahre vor sich habe. Es kann sein, dass wir in der kommenden Dekade tatsächlich nichts Besseres finden als das Smartphone. Sicher ist das jedoch nicht.

Über die letzten drei S-Kurven sind die Bildschirme immer kleiner geworden. Im PC-Zeitalter hatten wir große Desktop-Screens. Im Webzeitalter wanderte der PC in Gestalt des Notebooks mit einem kleineren Bildschirm aus dem Arbeitszimmer an den Küchentisch oder auf den Schoß. Und mit dem Sprung vom Notebook zum Smartphone schrumpfte der Bildschirm ein weiteres Mal. Der nächstkleinere Bildschirm wird weniger die Smartwatch sein, sondern vermutlich gar kein Bildschirm. Die Sprachsysteme und die Assistenzfunktionen wie OK (Google), Siri (Apple), Cortana (Microsoft) oder Echo (Amazon) brauchen keine visuellen Interfaces mehr.

Gut möglich, dass dies Vorboten für die nächste S-Kurve sind und dass die → Use Cases der nächsten großen Welle über Spracheingabe und -ausgabe oder, im Bereich IoT, durch Gesten und Sensoren funktionieren. Was den Zeithorizont betrifft, so ließe sich aus den ersten drei S-Kurven ableiten, dass nach Zyklen von 20 Jahren (Office-PC), 15 Jahren (Web-PC) und zehn Jahren

(Smartphone) nun fünf Jahre (AI-Systeme mit Sprach- und Gestenschnittstellen) folgen könnten. Demnach befänden wir uns kurz vor dem Beginn eines Zyklus, der innerhalb von fünf Jahren, etwa von 2020 bis 2025, AI-dominierte Use Cases hervorbringen wird. In diesem Szenario werden die AI-Systeme so gut, dass die menschliche Sprache das visuelle Interface ersetzt.

Doch zurück zur Gegenwart. Wir erleben derzeit eine Explosion an mobilen Services, durch die das Netz in alle denkbaren Lebensbereiche vorstößt. Wahrscheinlich verlief auch die kambrische Explosion vor 542 Millionen Jahren in Form einer S-Kurve: Zunächst entwickeln sich die ersten Lebensbausteine, dann folgen höhere Lebensformen, und auf einmal explodiert die Entwicklung, weil die Kombinatorik der Bausteine durch den Zufall der Mutation dazu führt, dass extrem viele Lebensformen möglich werden. Schließlich tritt eine allmähliche Sättigung ein, weil die ökologischen Nischen nach und nach besetzt werden.

Die Bausteine des mobilen Ökosystems sind zentrale Cloud-Dienste, mobile (LTE) und stationäre (WLAN) Netze, spezielle Mobile-Prozessoren (ARM, Apple, Intel), die Betriebssysteme iOS und Android und schließlich auf der obersten Ebene touchzentrierte Apps. Der fast unendliche Möglichkeitsraum, der sich durch die Kombinatorik dieser Bausteine entfaltet, enthält aber auch Fallen. Insbesondere an den Grenzziehungen zwischen Hardware und Software – also dem Internet of Things (IoT) – verlassen viele Produkte die Labs, die eher die Komplexität erhöhen, als den Alltag zu vereinfachen.

Ein Paradebeispiel hierfür ist das Hue-System von Philips, mit dem Menschen ihr heimisches Licht – ganz bequem per App – steuern sollen. Unabhängig von der Frage, ob das Finden/Starten/Bedienen einer App auf dem Smartphone bequemer als ein traditioneller Wandschalter ist, berichten Nutzer von dunklen Wohnungen, da ihr WLAN gelegentlich Aussetzer habe. Umgekehrt sei es auch schon vorgekommen, dass sich nächtens das Schlafzimmerlicht nicht löschen ließ, wenn nicht zuvor die jeweiligen Security-Updates für die Schalter und Lampen installiert worden waren.

Was lustig klingt, hat jedoch einen ernsten Hintergrund. Im Oktober 2016 gab es die bis dahin größten → Distributed-Denial-of-Service-(DDoS-)

Angriffe auf die Infrastruktur des Internets. Stundenlang konnten in weiten Teilen der Vereinigten Staaten die Dienste von Netflix, PayPal, Spotify, Twitter und vielen anderen Anbietern nicht oder nur mit großen Einschränkungen genutzt werden. Was war passiert? Unbekannte Hacker hatten über Sicherheitslücken Millionen von IoT-Devices – wie Lichtschalter, Spielzeug, Babyphones und Überwachungskameras – unter ihre Kontrolle gebracht und eine Zombie-Armee geformt, die mit Millionen von Anfragen pro Sekunde sensible Knotenpunkte des Netzes überschwemmte. Am Ende brachen diese unter der Last der Anfragen zusammen.

Die Entwicklung von innovativen Services in einem komplexen Ökosystem ist also alles andere als trivial. Schnittstellen, Sicherheit und Benutzerfreundlichkeit brauchen Kompetenzen, die ein traditioneller Hersteller nicht in seiner DNA hat: die Fähigkeiten von Software-Unternehmen. Die Software, die mit nutzenstiftenden Services künftig jede Hardware im Markt differenziert, wird zum entscheidenden Produktattribut.

 TEIL I – CASUAL ECONOMY

Der Siegeszug der GAFA

PLATTFORM-ÖKOSYSTEME

Jeder der drei vergangenen Zyklen des Personal Computings wurde von starken → Plattformen geprägt. Das Wort Plattform ist ein schillernder Begriff mit verschiedenen Bedeutungsebenen, was in der Diskussion oft zu Verwirrung führt. Sangeet Paul Choudary hat deshalb einen Architekturrahmen entwickelt, der zwischen drei Plattform-Schichten unterscheidet:

Network/Marketplace/Community. Auf dieser Ebene interagieren Nutzer, sei es direkt, zum Beispiel über soziale Netzwerke, oder indirekt, indem sie Güter oder Dienstleistungen tauschen (Marketplaces). Zudem gibt es Plattformen mit einer impliziten Community-Schicht wie Nest Thermostat oder Mint.com, die Nutzerdaten miteinander in Beziehung setzen und dadurch Mehrwert schaffen, ohne dass die Nutzer explizit interagierten. Auch Netzwerke externer Anbieter (zum Beispiel Entwickler im App Store, Vermieter bei Airbnb) sind auf dieser Ebene angesiedelt.

Technology Infrastructure. Diese Ebene beschreibt die Plattform im technischen Sinne. Ohne Nutzer und Partner hat eine solche Plattform nur geringen Wert. Externe Anbieter bauen darauf auf. Die Infrastruktur-Schicht kann sehr dominant sein (Wintel, iOS/Android) oder auch relativ dünn (Instagram). Mit Wachstum und zunehmendem Erfolg einer Plattform kippt das Problem des Mangels an Anbietern oder Nutzern irgendwann in sein Gegenteil, den Überfluss. Die Relevanz sinkt. Wie findet man das beste Angebot? Die Antwort lautet: mittels Daten.

Data. Jede Plattform hat eine Datenebene. Auch diese Ebene kann mehr oder weniger stark ausgeprägt sein. Daten schaffen Relevanz, indem sie nutzenstiftende Inhalte, Güter oder Dienstleistungen mit dem richtigen Nutzer zusammenbringen. Es gibt Plattformen, deren Wert praktisch ausschließlich auf der Datenebene liegt.

Innerhalb dieses Rahmens können wir mit Choudary nun unterschiedliche Plattform-Konfigurationen unterscheiden:

① Plattformen wie Airbnb und Uber, die Stars der Sharing Economy, aber auch Netzwerke wie Facebook oder Reddit setzen ihren Schwerpunkt auf die Network/Marketplace/Community-Schicht. Das Netzwerk ist die wesentliche Quelle der Wertschöpfung.

② Für Developer-Plattformen wie iOS/Android ist die Infrastruktur-Schicht zentral. Ein wesentlicher Teil der Wertschöpfung entsteht bei dieser Konfiguration auf der darüberliegenden Marktplatz-Ebene.

③ Eine dritte Gruppe von Plattformen wird von Daten dominiert. Dazu gehören Wearables, IoT und Industrial Internet (Industrie 4.0).

Daten werden das zentrale Element der vierten Welle des Personal Computing, die durch intelligente Assistenten und Mensch-Maschine-Interaktionen über Gesten und Sprache geprägt sein wird. In der → Artificial Intelligence (AI) wurden jüngst große Durchbrüche erzielt. Diese kamen relativ unerwartet, da sie auf bekannten, teilweise schon jahrzehntealten Forschungsarbeiten aus dem Bereich von neuronalen Netzen und → Deep Learning fußten.

Es handelt sich um Algorithmen, die in mehrstufigen Netzen anhand von echten Daten lernen – und diese sind erst jetzt in hinreichender Quantität verfügbar. Da die großen Internetplattformen eben auch massive Datenaggregatoren sind, steht zum ersten Mal in der Geschichte der AI eine kritische Masse an Echtdaten zur Verfügung, um die Algorithmen zu trainieren – ein weiterer → Unfair Advantage, den die GAFA im heutigen Markt haben.

Aber was waren eigentlich die Treiber dafür, dass die GAFA-Plattformen zu so großer Bedeutung heranwachsen konnten? Die Wurzeln von Google, Apple, Facebook und Amazon reichen noch keine vier Jahrzehnte tief.

DIE ERSTEN PLATTFORMEN

Mein erster Computer war 1981 der Commodore VC 20. Gegründet wurde Commodore in den 1950er-Jahren in New York von Jack Tramiel, dem Mann, der später Atari nach dem Ende des Videospiel-Booms vor der Insolvenz rettete. Mit dem Atari ST/TT entwickelte er eine echte Alternative zum damals sehr teuren Apple Macintosh. Jack Tramiel war ein Visionär. Ihm gelangen zur damaligen Zeit regelmäßig echte Blockbuster-Hits mit siebenstelligen Verkaufszahlen. Insbesondere in Deutschland entstand um den Atari ST/TT mit der Textverarbeitung Signum, dem Publishing-Tool Calamus und zahlreichen Midi-Applikationen für die Musikproduktion eine professionelle Entwicklerszene.

Seinen Durchbruch hatte Tramiel zuvor mit dem VC 20 erlebt, der von Commodore in Deutschland als „Volkscomputer" vermarktet wurde. Es bleibt eine tragische Schleife der Geschichte, dass Jack Tramiel seine größten Erfolge von Mitte der 1980er- bis Anfang der 1990er-Jahre ausgerechnet auf der CeBIT erlebte – nur unweit der KZ-Außenstelle Hannover-Ahlem, aus der er als 16-jähriger Zwangsarbeiter in der Reifenproduktion für ein anderes „Volksprodukt" – nämlich den Volkswagen – rund 40 Jahre zuvor befreit worden war.

Tramiel startete nach dem Krieg seine Karriere mit dem Import von Schreibmaschinen und der Produktion von Taschenrechnern. Marktanteile gegenüber Wettbewerbern wie IBM oder Hewlett-Packard gewann er vor allem über den Preis. Auch im PC-Markt gelang es ihm zunächst, über Volumen Produkte zu kreieren, die für jeden Haushalt erschwinglich waren. Jack Tramiel war in vielerlei Hinsicht die Antithese zu Steve Jobs. Er produzierte seine Computer extrem günstig in Asien, verpackte sie in einfache Plastikgehäuse und fertigte sogar seine Chips selbst, um von teuren Zulieferern wie Motorola und Intel unabhängig zu sein.

Doch Anfang der 1990er-Jahre wurde deutlich, dass es von den Hits – VC 20, C64, Atari ST, Atari TT – keine Sequels mehr geben würde. Tramiels Welt blieb in der alten Logik gefangen: Entwicklung und Produktion separierter Produktlinien und Verdrängung der Konkurrenz über massives Marketing und Preise. Doch der Siegeszug des Plattform-Modells verwandelte den PC-Markt grundlegend, und die Commodores und Ataris, aber auch die Sinclairs und Texas Instruments der Anfangszeit verschwanden vom Markt.

DAS WINTEL-IMPERIUM

Es waren Microsoft und Intel, die ab Mitte der 1980er den PC-Markt in ein Plattform-Geschäft transformierten. Sie schufen zusammen mit IBM – als tragischem Geburtshelfer – eine Plattform, die für die folgenden zwei Jahrzehnte dominant werden sollte. Die Regeln, nach denen sie dieses Ökosystem schufen, sind auch heute noch in vielen Teilen eine Blaupause für plattformbasierte Geschäftsmodelle.

IBM war zwar ursprünglich Namensgeber für den „IBM-PC-Standard", doch wesentliche Komponenten der Plattform entzogen sich der Kontrolle von Big Blue. So gelang es dem jungen Bill Gates, die Betriebssystem-Software MS-DOS ohne Exklusivität an IBM zu verkaufen. Microsoft konnte MS-DOS damit auch beliebig an weitere Hersteller lizenzieren. Die Referenzarchitektur des IBM-PCs stammte ebenfalls von einem Dritten: der damals aufstrebenden Chip-Schmiede Intel. Microsoft und Intel begründeten damit ein extrem erfolgreiches Plattform-Geschäft.

Dritthersteller konnten auf Basis dieser Referenzarchitektur und der Chips von Intel hundertprozentig kompatible Nachbauten der deutlich teureren Original-IBM-PCs herstellen. Ein harter Preiswettbewerb zwischen asiatischen und amerikanischen Herstellern sowie günstige Vertriebswege über direkte Kanäle (die zuerst Dell etablierte) und Discounter wie etwa Vobis in Deutschland sorgten zusammen mit dem stetigen Fertigungsfortschritt in der Halbleiterindustrie für kontinuierlich fallende Preise und so für eine Allgemeinverfügbarkeit der PCs.

Durch die Offenheit der Hardware-Plattform etablierte sich zudem ein sehr großer Drittmarkt, sodass der Anwendungsbereich der PC-Plattform immer vielschichtiger wurde. Mit der zunehmenden Marktverbreitung und Standardisierung der IBM-kompatiblen PCs wurde es gleichzeitig für immer mehr Software-Entwickler interessant, Programme für die neue Plattform zu schreiben. Umso breiter und ausgereifter sich das Software-Angebot präsentierte, umso attraktiver wurde wiederum der PC für potenzielle Nutzer. Dieser Zirkelschluss ist das Wesen von Plattformen: Der Erfolg gebiert den Erfolg. Ab einer kritischen Größe erlangen sie eine kaum noch zu überwindende Gravitationskraft.

Im Detail verbarg sich im Aufbau der Plattform sehr viel Arbeit und Pflege. Microsoft musste alle Partner in diesem Ökosystem gleichermaßen bedienen und die jeweiligen Interessen orchestrieren. Software-Entwicklern stellte das Unternehmen leistungsfähige Programmierwerkzeuge zur Verfügung. Zusammen mit Intel entwickelte Microsoft Standards und Treiber, sodass Software und Hardware trotz einer unüberschaubaren Anzahl von Herstellern und Entwicklern möglichst nahtlos zusammenarbeiten konnten. Und für die Anwender wurde die Benutzerfreundlichkeit dramatisch erhöht: Windows ebnete dem PC schließlich den Weg in den Massenmarkt. Jeder neuer Teilnehmer in dem Ökosystem – Software-Entwickler, Hardware-Hersteller und Nutzer – machte die Plattform wertvoller.

Spätestens mit dem Erscheinen von Windows 95 war das Duopol aus Windows und Intel so gewichtig geworden, dass es fast den gesamten PC-Markt auf die Wintel-Plattform zog. IBM zog sich schließlich aus dem Marktsegment zurück. Apple steckte in einer existenzbedrohenden Krise und hielt sich nur mühsam in Nischenmärkten über Wasser. Auch der Versuch von Steve Jobs, nach seinem Rauswurf bei Apple mit NeXT-Computern zu reüssieren und eine Alternativplattform zu etablieren, scheiterte zunächst.

NETSCAPE UND DAS WEB

Doch der endgültige Durchbruch der Wintel-Plattform Mitte der 1990er-Jahre trug schon den Keim seines Bedeutungsverlusts in sich. Der Student Marc

Andreessen entwickelte 1993 mit Mosaic einen der ersten Browser, mit dem das Internet eine grafische Benutzeroberfläche bekam und populär wurde. Bereits zwei Jahre später ging Andreessen mit Netscape sehr erfolgreich an die Börse. Im selben Jahr brachte Microsoft mit Windows 95 ein Betriebssystem auf den Markt, das in den folgenden Monaten eilig mit Updates internettauglich gemacht wurde. Bill Gates ahnte, dass Netscape eine große Bedrohung für die äußerst profitable Wintel-Plattform werden könnte.

Ursprünglich war das Internet nicht auf dem PC zu Hause. Es diffundierte vorwiegend in universitären Umfeldern und lief auf den dort verbreiteten Workstations mit Unix-Betriebssystemen. Tim Berners-Lee war es schließlich, der am Genfer CERN auf einer NeXT-Workstation das grafische Web und seine wesentlichen Konzepte entwickelte: Markup-Language HTML, Browser und Webserver.

Bill Gates hatte am Beispiel seines eigenen Erfolgs erfahren, dass Märkte oft durch anfangs technisch unterlegene Produkte von unten aufgerollt werden. Das war der Grund, warum IBM den eigenen PC anfangs nicht ernst nahm – und deshalb schlechte Verträge machte. State of the Art waren zum Zeitpunkt der PC-Premiere zentrale Mainframes und leistungsfähige Abteilungsrechner auf Unix- oder VAX-Basis. Sie entsprachen der Vorstellungswelt von Big Blue, wenn es um ernsthafte Anwendungen ging.

Microsoft fürchtete, dass das Web zum zentralen Betriebssystem für neuartige Netzcomputer werden würde. Neben Windows schien auch die zweite Cash Cow des Konzerns gefährdet: Microsoft Office. Technisch ließe sich die Funktionstiefe von Excel und Word auch in einem Webbrowser abbilden. Aber erst heute, 20 Jahre später, sind die Netze so schnell und robust, dass dies auch praktikabel ist – so wie dieser Text in Google Docs entstanden ist und eben nicht in Microsoft Word. Die offene Webarchitektur ermöglichte zudem einen weiteren Angriffsvektor: Netscape wäre dadurch in der Lage gewesen, sich mit seinem Browser systemübergreifend (Windows, Mac, Unix) durchzusetzen, der neue Standard zu werden und die Wintel-Plattform zu marginalisieren.

Bill Gates schützte seine Plattform, indem er konsequent alle Monetarisierungsquellen von Netscape austrocknete. Der Browser wurde kostenlos für die Nutzer ins Betriebssystem integriert, der eigene Webserver wurde extrem gut auf den Windows-Browser abgestimmt und zu sehr attraktiven Konditionen an Unternehmen lizenziert. Microsoft zahlte dafür zwar durch jahrelange Kartellverfahren einen hohen Preis – am Ende rettete es jedoch seine Plattform, und die Netscape-Bedrohung wurde neutralisiert. Trotzdem wurde nicht das Wintel-Duopol der dominante Spieler im Web, sondern das GAFA-Quartett Google, Apple, Facebook und Amazon.

GOOGLE

Als Mitte der 1990er-Jahre die großen Browserkriege zwischen Microsoft und Netscape tobten, forschten die beiden Studenten Sergey Brin und Larry Page in Stanford noch an Suchmaschinen. Ihr großes Ziel war es, über eine wesentlich bessere Suchtechnologie Ordnung ins chaotische Web zu bringen. Von Menschen kuratierte Verzeichnisse wie die von Yahoo konnten längst nicht mehr mit dem Wachstum des Webs mithalten. Suchmaschinen wie Altavista lieferten zwar viele Ergebnisse, doch ohne Gewichtung der Relevanz, was ihren Nutzen begrenzte. Um die Inhalte des Webs zu ordnen, entwickelten Brin und Page den PageRank-Algorithmus, der jeder Seite im Netz über die ein- und ausgehenden Verweise eine Gewichtung zuordnete:

```
We assume page A has pages T1...Tn which point to it (i.e., are citations).
The parameter d is a damping factor which can be set between 0 and 1. We
usually set d to 0.85. C(A) is defined as the number of links going out
of page A. The PageRank of a page A is given as follows:

PR(A) = (1-d) + d (PR(T1)/C(T1) + ... + PR(Tn)/C(Tn))
```

Bereits die erste Implementierung ihrer Idee verbrauchte so viel Netzwerkbandbreite, dass die Universitätsleitung die beiden Studenten nötigte, außerhalb des Campus zu gründen. Es war 1998 und die Geburtsstunde von Google. Der eigentliche Durchbruch von Brin und Page bestand jedoch nicht in der Suchtechnologie, sondern im digitalen Produkt des Jahrzehnts: AdWords. Mehr als 1 Milliarde Euro Reingewinn spielt das Mediaprodukt jeden Monat in die Kassen von Google.

Als die erste AdWords-Anzeige im Oktober 2000 auf einer Suchergebnisseite erschien, war die Interneteuphorie gerade wieder am Abklingen. Die letzten Start-ups hatten im Sommer noch mühsam den Weg an die Nasdaq oder an den Neuen Markt geschafft. Der große Rausch aber war vorbei. Fast ein halbes Jahrzehnt zuvor war – erst langsam, dann lawinenartig – Risikokapital in junge Internetfirmen geflossen. Die Investitionen waren von der Überzeugung getragen, dass sich durch das Internet ein völlig neues Wirtschaftsmodell etablieren würde. Angetrieben von immer geringeren Transaktionskosten und Netzwerkeffekten, würden sich in allen Wirtschaftsbereichen natürliche Monopole ausprägen. Der ABBA-Klassiker „The Winner Takes It All" lieferte um die Jahrtausendwende den Soundtrack zu immer höheren Internetwetten und PowerPoint-Decks, die exponentielle Gewinne und Renditen versprachen.

Doch in der Realität des noch jungen Netzes scheiterten die meisten Geschäftsmodelle krachend. Die Internetunternehmen fanden keinen effizienten Weg zur Neukundengewinnung und verbrannten ihre Börsenerlöse mit viel zu hohen Marketingausgaben. Das Fernsehen und vor allem die Printindustrie erlebten ein Allzeithoch an Werbeschaltungen. Das meiste Geld aber floss in die digitalen Kanäle, hier insbesondere in die Bannerwerbung. Der Boom nährte den Boom. Online-Werbung wurde damals genauso vermarktet, wie es seit der Gründung der ersten Mediaagenturen in den 1850ern-Jahren für Werbung im Allgemeinen üblich war. Banner wurden von den Vermarktern über die Währung Sichtkontakte zu festen Preisen und Rabattstaffeln an die Werbungtreibenden verkauft.

Der Preis richtete sich meistens nach den Metriken der Printwerbung, sodass beispielsweise um die Jahrtausendwende 1.000 Sichtkontakte (der Tausenderkontaktpreis, kurz: TKP) rund 50 Euro kosten konnten. Das Problem: Bei einer durchschnittlichen Klickrate auf das Werbemotiv von 0,5 Prozent mussten Werbungtreibende bereits einen Aufwand von 10 Euro pro Website-Besucher einkalkulieren. Wenn von diesen Besuchern dann zum Beispiel rund 4 Prozent tatsächlich auch Kunden wurden, betrugen die Kundenakquisitionskosten 250 Euro. Für die allermeisten Geschäftsmodelle waren diese Kosten absolut toxisch, dem Netz fehlte Ende des Jahres 2000 das Geschäftsmodell.

Googles AdWords-Produkt rettete schließlich das Web. Brin und Page brauchten ein Monetarisierungsmodell für ihre Suchmaschine, die sich jeden Tag durch ein immer größer werdendes Web fraß, laufend mehr Suchanfragen bediente und stetig nach mehr Infrastruktur hungerte. Da sie kein Verkaufsteam hatten, entschieden sie zunächst, dass ihr Anzeigensystem von den Werbungtreibenden (oder deren Agenturen) selbst bedient werden sollte.

Brin und Page planten zudem, keine festen Flächen zu verkaufen, sondern die Textanzeigen nur auszuspielen, wenn sie auf bestimmte Schlüsselwörter (AdWords) des Werbungtreibenden passten. Darüber hinaus sollte der Werbungtreibende lediglich im Erfolgsfall (bei einem Klick auf den Anzeigen-Link) zahlen, der Preis bildete sich automatisch per Auktion gemäß Angebot und Nachfrage des jeweiligen AdWords.

Diese geniale Mechanik knüpft ein unsichtbares Band zwischen der Intention des Nutzers und der dazu passenden Werbung von Unternehmen. Der Nutzer offenbart seine Absicht – Was sucht er gerade? Wofür interessiert er sich? – über den Suchschlitz. Google liefert per Algorithmus hochrelevante Werbung im Suchergebniskontext, zu einem Preis, den Google als Marktplatz per Auktion in Echtzeit ermittelt.

In diesem Modell gibt es keinen Mittler, der Anzeigenplätze verkauft und über die Bündelung von Inventarvolumen einerseits Rabatte für Werbungtreibende realisiert und andererseits als eigene Wertschöpfungsstufe eine Marge abschöpft. Ein Student mit einer Prepaid-Kreditkarte kann zu den gleichen Konditionen AdWords bei Google einkaufen wie die weltweit größten Werbenetzwerke. Und trotzdem erzielen Brin und Page durch das Auktionsmodell den maximalen Preispunkt, weil der Werbungtreibende selbst offenlegt, was ihm der Klick wert ist.

Mit dem Moment der Einführung von Google AdWords wurde aus dem Netz die effizienteste Marketingplattform der Welt. Werbungtreibende zahlten anfangs moderate Klickpreise, weil nur wenige First Mover ihren Marketingmix Richtung Google schoben und so im Auktionsmodell die Preise niedrig blieben. Bei Klickpreisen von 50 Cent konnten E-Commerce-Unternehmen wie Amazon beispielsweise 5 Prozent ihrer Besucher auf der Site konvertieren und Neukundengewinnungskosten von nur 10 Euro notieren – ein Bruchteil dessen, was sie in der Pre-Google-Zeit investierten.

Unternehmen jeder Größe begannen, mit sehr kleinen Budgets ihr Geschäftsmodell zu testen und stetig zu optimieren. Millionenschwere und hochriskante Werbekampagnen gehörten der Vergangenheit an, und die Markteintrittshürden waren plötzlich dramatisch tiefergelegt. Dies war zwingend, denn durch das Platzen der Internetblase mussten die Netzunternehmen ihr Wachstum im Wesentlichen aus einem positiven Cashflow finanzieren. Jedem Marketing-Euro konnte durch Google exakt ein Umsatz-Euro zugeschlüsselt werden. Die Kosten-Umsatz-Relation (KUR) wurde zur zentralen Steuerungsgröße für Internetunternehmen aus den Branchen Retail, Touristik, Telekommunikation, Banken und Versicherungen.

Google verwandelte das Netz in eine Plattform von Nutzern und immer leistungsstärkeren E-Commerce-Firmen, die durch Suche und AdWords einander zugeordnet wurden. Waren Brin und Page als Studenten angetreten, Ordnung in die chaotische Inhaltsfülle des Netzes zu bringen, wurden sie schließlich als Google-Chefs zu *der* zentralen Ordnungsmacht des E-Commerce. Nicht nur das Marketing fokussierte sich auf Google, sondern auch das gesamte Geschäftsmodell: Sortiment, Preispolitik und User Experience.

Heute setzt das Auktionsmodell von Google die Margen der Werbungtreibenden zunehmend unter Druck. Das Internet ist für die meisten Unternehmen die wichtigste Schnittstelle zu ihren Kunden geworden. Entsprechend wurden die Marketing- und Vertriebsbudgets prioritär auf die digitalen Kanäle ausgerichtet. Dies führt in der Auktionsarena spieltheoretisch zu einem klassischen Gefangenendilemma: Solange ein Unternehmen gegenüber Dritten Marktanteile gewinnen möchte, muss es zulasten der Marge die Gebotspreise erhöhen. Priorisiert es hingegen Marge und nimmt die Gebotspreise zurück, verliert es Marktanteile und Geschäftsvolumen.

Erschwerend für Unternehmen kommt hinzu, dass Auktionen mittlerweile das dominierende Mediamodell im Netz geworden sind. Sheryl Sandberg, die ab 2001 das AdWords-Geschäft von Google verantwortete, wechselte 2007 zum Wettbewerber Facebook und führte auch dort die Auktionsmechanik ein.

Heute wird durch das → Real-time Bidding nahezu sämtliche Werbung auch jenseits der dominierenden Plattformen Google und Facebook verauktioniert. Das Auktionsparadigma verwandelt die Wettbewerbsarena in vielen Branchen in ein Rattenrennen.

Trotzdem bleibt Google unter den GAFA der einzige Vertreter, der ein elementares Interesse an einem offenen Web besitzt. Eine Zukunft mit digitalen Zäunen und separierten App-Silos, deren Content ein Website-Crawler nicht indizieren kann, dürfte Google schlaflose Nächte bereiten. Auch die Zukunft von Google liegt in der mobilen Welt – nicht zufällig hat der heutige CEO des Unternehmens, Sundar Pichai, zuvor die Entwicklung des Google-eigenen Mobile-Betriebssystems Android geleitet. Mit Initiativen wie den Accelerated Mobile Pages (AMP) versucht Pichai, das Nutzererlebnis auf die Ebene von nativen Apps zu heben, um das Web als (Google-)Plattform zu schützen.

Google gehört zu den Pionieren der Entwicklung Transformationaler Produkte und verfügt über viele erfolgreiche Blockbuster, etwa die Google-Suche, AdWords, YouTube und Google Apps. Ein weiteres Produkt aus dieser Reihe ist Google Maps:

- **Google Maps transformiert die Nutzererwartung.** Mit Maps veränderte Google in mehrfacher Hinsicht dramatisch die Nutzererwartungen an die Produktkategorie. Google verwendet konsequent die Daten seiner Nutzer für die Echtzeit-Aktualisierung seiner Karten und erhöht kontinuierlich die Tiefe seines Kartenmaterials. Streetview und User Generated Content (Fotos, Ladenöffnungszeiten etc.) sind hierfür Beispiele. Vor allen Dingen aber addiert Google laufend weitere Layer zu seinem Kartendienst (zum Beispiel aktuelle Verkehrsinformationen und alternative Verkehrsträger), die den Nutzwert erhöhen.

- **Google Maps transformiert das Nutzerverhalten.** Durch die Personalisierung des Kartenmaterials und Integration in die übrigen Google-Dienste (wie etwa Mail und Kalender) entwickelte sich Maps zum steten Alltagsbegleiter. Die Google-Assistenten Now und OK Google informieren beispielsweise den Nutzer mittlerweile proaktiv auf Basis der aktuellen Verkehrssituation, wann dieser aufbrechen muss, um rechtzeitig zu seinem nächsten Termin zu kommen.

∞ **Google Maps transformiert die Wertschöpfung.** Google Maps ist der beste Kartendienst auf dem Markt und kostet den Nutzer keinen Cent. Google verdient an der Werbung, die es maßgeschneidert in Maps integrieren kann. Vor allen Dingen ist Maps für Google aber ein strategisches Produkt, um ins Auto zu kommen und dadurch sein Android-Ökosystem robuster zu machen. Mit seinem kostenlosen Service hat Google den Markt für Stand-alone-Navigationsgeräte (wie TomTom oder Garmin) massiv geschädigt und setzt die Automobilhersteller unter Druck, die Google-Dienste in ihre Fahrzeuge zu integrieren. Durch die Verbreitung selbstfahrender Autos könnte Google so in den kommenden Jahren Milliarden zusätzlicher Stunden pro Monat vermarkten.

AMAZON

Ähnlich wie Google durch sein Auktionssystem für Werbung setzt auch Amazon die Margen im Markt unter Druck. Von Jeff Bezos ist der Satz überliefert: „Your margin is my opportunity." In den gut zwei Jahrzehnten seines Bestehens hat sich Amazon durch immer mehr Produktsegmente gefräst und wurde selbst zur Plattform. Der Amazon Marketplace war der erste Schritt auf diesem Weg. Marktplatzhändler haben für Amazon eine mehrfache Funktion: Sie sind die Trüffelschweine für neue Sortimente und Produkte. Was Traktion bekommt und Volumen bewegt, nimmt Amazon ins eigene Sortiment auf. Andere Händler ziehen nach und setzen eine Preisspirale nach unten in Gang. Sobald die Skaleneffekte einsetzen, kann Amazon den Preiskampf nach Belieben anfeuern und so die eigene Marge optimieren. Ende 2016 boten auf Amazon bereits mehr als 70.000 Händler ihre Ware an.

Für substituierbare Produkte kann Amazon schließlich Eigenmarken herstellen lassen, diese noch einmal günstiger anbieten und damit neben den Händlern auch die Hersteller unter Druck setzen. Amazon hat mittlerweile mehr als 3.000 Produkte als Eigenmarken im Sortiment. In den USA geben inzwischen 44 Prozent der Konsumenten in Umfragen an, dass sie direkt auf Amazon nach Produkten suchen, statt Google oder die Websites anderer Händler zu bemühen. Damit hat Amazon auch belastbare Daten über die Gesamtnachfrage im Markt und kann Sortiment sowie Preisgestaltung entsprechend steuern.

Die Umsatzentwicklung von Amazon legt nahe, dass sich das Unternehmen noch in der ersten Hälfte der S-Kurve seines Wachstums befindet. Die Entwicklung der Verkäufe scheint sich noch zu beschleunigen. So übertraf das zweite Quartal 2016 erstmals das Weihnachtsquartal des Vorjahres. Mit „It's still day one" grüßt Bezos seit dem Börsengang im jährlichen Geschäftsbericht seine Leser. Die Umsatzkurve scheint diese Selbstvergewisserung zu stützen. Durch das extreme Wachstum konnte Bezos inzwischen ein eigenes E-Commerce-Ökosystem etablieren, das kaum mehr angreifbar erscheint. Und mittels Milliardeninvestitionen in physische Infrastruktur hat Amazon – anders als zum Beispiel Google – eine zusätzliche Firewall um sein Geschäftsmodell gezogen.

Amazon ist durch seine physische Logistik ein systemkritischer Bestandteil für Hersteller und Handel geworden. Dadurch besitzt das Unternehmen ein extrem robustes Geschäftsmodell und einen inhärenten Vorteil gegenüber rein digitalen Pure Playern. Trotzdem ist auch Amazon im Kern ein Software-Unternehmen. Die weltweite Logistikmaschine wird – von den Hubs bis zu den einzelnen Boten an der Haustür – von einer ausgeklügelten eigenentwickelten Software am Laufen gehalten und ständig optimiert. Dank der Amazon Web Services (AWS) ist Bezos zum größten Cloud-Anbieter der Welt aufgestiegen und hat mit seinen Rechenzentrumsdiensten traditionelle Anbieter wie IBM, Oracle und Microsoft kalt erwischt.

Zudem arbeitet Amazon mit Hochdruck daran, sich mit einer eigenen physischen Infrastruktur in die Haushalte zu integrieren. Zu nennen sind in diesem Zusammenhang beispielsweise Fire TV, Echo und die Dash-Buttons. Noch wichtiger sind jedoch die stark personalisierten Dienste dahinter, die mit immer mehr Artificial Intelligence aufgewertet werden. Bezos baut nicht die größte Verkaufsplattform der Welt auf, sondern vielmehr für seine Kunden den besten Besorgungsdienst für physische und digitale Produkte. Das ist ein fundamentaler Unterschied.

Bezos' Kundenbindungsprogramm Prime kann in seiner Wirkung für den bisherigen und vor allem für den künftigen Erfolg des Unternehmens nicht überschätzt werden. Es war eines der ersten Transformationalen Produkte von Amazon.

- **Prime transformiert die Nutzererwartung:** Mit Prime schraubt Bezos die Erwartungshaltung der Kunden stetig nach oben. Alle Produkte dieser Welt, die einen Barcode besitzen, liefert Amazon kostenfrei, zuverlässig und immer schneller. Wahrnehmungspsychologisch findet ein → Priming auf die Dienste von Amazon statt. Durch Skaleneffekte in der Lieferfähigkeit und Verdichtung der Logistik ist das E-Commerce-Erlebnis bei Amazon faktisch nicht mehr kopierbar. Die Liefergeschwindigkeit und -zuverlässigkeit von Amazon prägt die Erwartungshaltung von Nutzern an den E-Commerce.

- **Prime transformiert das Nutzerverhalten:** Zusätzlich integriert der ehemalige Buchhändler aus Seattle immer mehr Dienste in sein Loyalty-Programm, zum Beispiel Prime Music, Prime Video, Pantry, Same-day-Delivery, Kindle-Leihbücherei, Prime Photos oder Twitch Prime. Aus dem Priming der Kundenpsychologie wird so auch ein ganz praktischer Lock-in. Das Produkt ist bereits vorverkauft, wenn Prime-Kunden die Website von Amazon besuchen. Die Marktforscher von Millward Brown Digital berichten, dass die Kaufwahrscheinlichkeit von Prime-Mitgliedern bei einem Besuch der Amazon-Website unerhörte 74 Prozent beträgt. Das ist mehr als das 20-Fache eines gewöhnlichen Online-Shops und zeigt, dass Bezos alles ist – nur kein Händler.

- **Prime transformiert die Wertschöpfung:** So wie Jack Tramiel in den 1980er-Jahren die Gegenthese zum jungen Steve Jobs war, ist Amazon heute die Gegenthese zu Apple. Es geht Bezos nicht darum, das beste Tablet oder den besten E-Reader zu fertigen. Die Atome sind nur die – notwendige – Darreichungsform der Services. Amazon ist im E-Commerce erfolgreich, weil es nicht nach den Spielregeln des Handels agiert. In allererster Linie ist Amazon ein Besorgungsdienstleister.

FACEBOOK

Facebook ist ein Produkt des mobilen Zeitalters. Newsfeed und Messenger werden schon heute fast ausschließlich mobil genutzt. Mark Zuckerberg bewies überdies mit der Akquisition der Mobile-only-Hits Instagram und WhatsApp ein tiefes Gespür für die Bedürfnisse der Generation Touch. Die Folge: Bei Facebook explodieren die Einnahmen durch mobile Werbung. Durch den konsequenten Ausbau seines Portfolios nach dem Vorbild chinesischer Produkte wie Tencents „Super-App" WeChat besitzt Zuckerberg zudem die Chance, die Bedeutung seiner Plattform noch einmal entscheidend auszubauen.

Der Klebstoff zwischen Facebook und seinen Nutzern ist heute noch der Newsfeed. In den Anfangsjahren enthielt er vorwiegend persönliche Posts von Freunden und Bekannten. Heute kuratieren die Echtzeitalgorithmen von Facebook einen personalisierten Strom von Nachrichten und Werbung, der die Vision einer persönlichen Tageszeitung Wirklichkeit werden lässt. Gerade für jüngere Nutzer wird Facebook immer mehr zum Hauptnachrichtenkanal. Die Wischgeste zum Refresh und Scrollen im Newsfeed entspricht der Hebelbewegung an einer Slot Machine. Beide bedienen unsere Sucht nach Ablenkung, Neugier und Überraschung. In diesem ständig fließenden Aufmerksamkeitsstrom bilden die boomenden Werbevideos paradoxerweise kleine Oasen der Entspannung.

Die Zukunft von Facebook wird konzeptionell nicht mehr im Silicon Valley verhandelt. Das Zentrum des mobilen Zeitalters liegt in China, auf das sich Zuckerberg wie kaum ein anderer westlicher CEO einlässt. Seit 2014 verblüfft er seine chinesischen Gesprächspartner mit einem immer flüssigeren Mandarin. Aber es ist nicht in erster Linie das Marktpotenzial, das „Zuck" an China fasziniert. Im größten Land des asiatischen Kontinents hat sich in den letzten zehn Jahren eine digitale Parallelwelt entfaltet. Chinas → Walled Garden schützt die digitalen Pioniere im Riesenreich gleich doppelt. Zum einen gibt es die → Great Firewall of China, mittels der die chinesische Regierung über pauschale IP-Sperren und → Deep Packet Inspection den Datenverkehr zuverlässig zensiert. Zum anderen entstanden die sehr erfolgreichen, aber geschlossenen Plattformen wie Tencent mit WeChat oder Alibaba. In der Folge gelang es den US-Plattformen nicht, in China Fuß zu fassen. Die chinesischen

Internetnutzer übersprangen die erste und zweite Welle des Personal Computings. Das Netz findet für sie auf dem Smartphone und in den Apps statt. Insbesondere WeChat erinnert an das AOL der 1980er-Jahre: Von Content und Unterhaltung über E-Commerce bis hin zu Kommunikation und Chats finden alle Use Cases innerhalb einer geschlossenen Applikation statt.

In sich gekapselte Plattformen wie WeChat sind die Blaupause für die Weiterentwicklung von Facebook. Nach der Eroberung des mobilen Werbemarktes durch den Aufmerksamkeitsmagneten Newsfeed versucht Zuckerberg nun, über den Messenger auch ein Vermittlungsgeschäft aufzubauen. Von den jährlich über 5 Milliarden Dollar, die Facebook in Forschung und Entwicklung investiert, fließt ein immer größerer Teil in Projekte der Artificial Intelligence. Intelligente Bots sollen künftig den Alltag der Nutzer bequemer machen. Einkäufe, Ticketbuchungen, Reservierungen und vieles mehr sollen Konsumenten direkt im Facebook Messenger erledigen können – per Chat oder Voice.

APPLE

Steve Jobs und Steve Wozniak gründeten das älteste Unternehmen unter den GAFA und auch das einzige, dem in seiner langen Geschichte nicht nur ein, sondern mindestens zwei erfolgreiche → Pivots gelangen. Ohne den Durchbruch mit dem Apple II im Jahr 1977 würde es vielleicht weder den Personal Computer noch das Web (das auf Jobs' NeXT-Workstations entwickelt wurde) oder das mobile Internet geben, das sich erst mit der iPhone-Singularität im Jahr 2007 materialisierte.

Google, Amazon und Facebook sind im Wesen rein digitale Unternehmen, und jegliche Physik ist für sie immer nur Mittel zum Zweck, Nutzer an die Plattformen zu binden. Sie betrachten die Welt mit den Augen von Software-Entwicklern und stellen sogar ihre Hardware-Innovationen als Open Source zur Verfügung. Apple geht den umgekehrten Weg und bindet Nutzer über die digitalen Dienste an die physischen Produkte. Das ist eine völlig andere Weltsicht und begründet ein Geschäftsmodell, das leicht auf die Monetarisierung von Nutzerdaten verzichten kann. Im Gegenteil: Seit iOS 9 lädt Apple seine Entwicklergemeinde aktiv ein, Adblocker und Anti-Tracking-

Tools zu entwickeln. Apple positioniert sich so gegenüber seinen Kunden als glaubwürdiger Datenschützer und unterläuft gleichzeitig elegant das auf Daten basierende Geschäftsmodell von Google und Facebook.

Die Markteinführung des iPods war der Grundstein für Apples hardwarezentrierte Plattform-Philosophie, mit der es binnen eines Jahrzehnts zum wertvollsten Unternehmen der Welt wurde. Tony Fadell, der später Nest gründete und an Google verkaufte, pitchte das Konzept eines integrierten Geschäftsmodells aus Hardware und Diensten im Jahre 2000 in Cupertino. Seine Idee war die Entwicklung eines geschlossenen Ökosystems aus Hardware – einem Musicplayer – und Software für Verwaltung und Kauf von Musik. Apple schuf aus dieser Idee nicht nur den iPod und iTunes, sondern formte gleich die ganze Musikindustrie neu. Letzteres gelang Jobs durch eines seiner genialen Verhandlungsmanöver. Mit dem Verweis auf den verschwindend kleinen Marktanteil von Apple im PC-Markt (der Mac hatte im Jahre 2001 keine 5 Prozent Marktanteil) gelang es ihm, alle Majors der Tonträgerindustrie davon zu überzeugen, ihren Musikkatalog für den iTunes Store zu lizenzieren.

Bis dahin waren alle Versuche innerhalb der Industrie misslungen, eine gemeinsame Strategie oder gar Plattform gegen die wachsende Musikpiraterie zu entwickeln. Apple hingegen sah man aufgrund seiner unbedeutenden Größe als ideales Testfeld. Doch keine 18 Monate nach dem Launch des iPods bot Apple seine Software iTunes auch für Windows kostenlos zum Download an. Der Markt für den Musicplayer explodierte, und bereits 2005 war der iPod Apples wichtigstes Produkt. Dieser Erfolg bereitete zwei Jahre später den Weg für das iPhone. Der iTunes Store wurde für die ganze Musikindustrie ein essenzieller Vertriebskanal.

Bereits der iPod besaß alle Attribute eines Transformationalen Produkts:

∝ **Der iPod transformierte die Nutzererwartung.** iTunes Software, iTunes Store und iPod bildeten eine Einheit und synchronisierten sich untereinander. Apple übertrug die hohe Benutzerfreundlichkeit der Mac-Programme erstmals auf Unterhaltungselektronik, deren Interfaces von Ingenieuren traditionell sehr stiefmütterlich behandelt worden waren. Damit schuf Jobs eine vollkommen neuartige Benutzererfahrung, die viele Jahre die Erwartungshaltung von Nutzern prägte und von keinem anderen Anbieter – einschließlich Steve Jobs' damaligem Vorbild Sony – erreicht wurde.

Der iPod transformierte das Nutzerverhalten. Der Ur-iPod besaß eine für damalige Verhältnisse riesige 5-GB-Festplatte, die Toshiba erst kurz zuvor in einer sehr kompakten 1.8-Zoll-Version auf den Markt gebracht hatte. Mit dieser Kapazität konnte der iPod rund 1.000 Musikstücke speichern. Die Nutzer übertrugen ihre komplette CD-Sammlung auf den iPod und kauften über den iTunes Store zunehmend digitale Alben und Singles. Die Compact Disc, die ab Mitte der 1980er-Jahre der Musikindustrie einen Rekord nach dem anderen beschert hatte, verschwand parallel mit den steigenden iPod-Verkaufszahlen aus den Köpfen, Warenkörben und schließlich Regalen.

Der iPod transformierte die Wertschöpfung. Apple hatte Mitte der 1990er-Jahre eine Nahtoderfahrung erlebt und in seiner größten Krise den geschassten Mitgründer Steve Jobs zurück auf die Brücke geholt. Nur ein Jahr nach seiner Rückkehr stabilisierte Jobs mit den bunten, semitransluzenten iMacs 1998 das Kerngeschäft. Das „i" stand für Internet, wobei es genauso gut für Jonathan Ive hätte stehen können, der als genialer Counterpart zu Jobs für die nächsten 20 Jahre die Designsprache von Apple definieren sollte. Aber erst der iPod transformierte den PC-Pionier. Damit etablierte Apple eine völlig neue Produktkategorie, setzte sich an die Spitze der Musikindustrie und wurde damit Popkultur. Der iPod war das Trojanische Pferd, um den verlorenen Wintel-Markt zu → hacken, und das hybride Geschäftsmodell lieferte die Blaupause für die Zukunft. Fünf Jahre später sollte Apple mit dem iPhone nicht nur zum erfolgreichsten Unternehmen der Welt werden, sondern den persönlichen Computer auch zum zweiten Mal nach dem Apple II neu erfinden. 2016 wuchsen erstmals die Erlöse von Apple aus dem Segment der Dienste (Apps, Cloud-Dienste, Musik und Videos) schneller als die aus dem Hardware-Geschäft.

CHINA: ALIBABA UND WECHAT

Wir haben oben nachgezeichnet, wie sich der Personal Computer vom geekigen Gadget in den 1980er-Jahren zum mobilen und allgegenwärtigen Tagesbegleiter der Gegenwart wandelte. Auf dieser Physik etablierten Google, Apple, Facebook und Amazon sehr erfolgreiche Dienste, die heute die Schnittstelle zwischen Unternehmen und Nutzern besetzen. In diesem Kapitel haben wir gesehen, dass diese Gatekeeper-Rolle einen extremen Monetarisierungshebel darstellt. Die GAFA wurden so zu den wertvollsten Unternehmen der Wirtschaftsgeschichte und sind heute an der Börse höher bewertet als beispielsweise die Summe aller DAX-30-Unternehmen. Stand in den 1990er-Jahren das Duopol Microsoft und Intel noch an der Spitze der IT-Industrie, so dominiert die heutige Generation der Tech-Unternehmen die Gesamtwirtschaft.

Die Transformationalen Produkte der GAFA liefern starke Belege dafür, dass Wertschöpfung in der digitalen Welt immer an der Schnittstelle zum Nutzer entsteht. Diese Gesetzmäßigkeit bestätigt sich auch beim Blick in den abge-

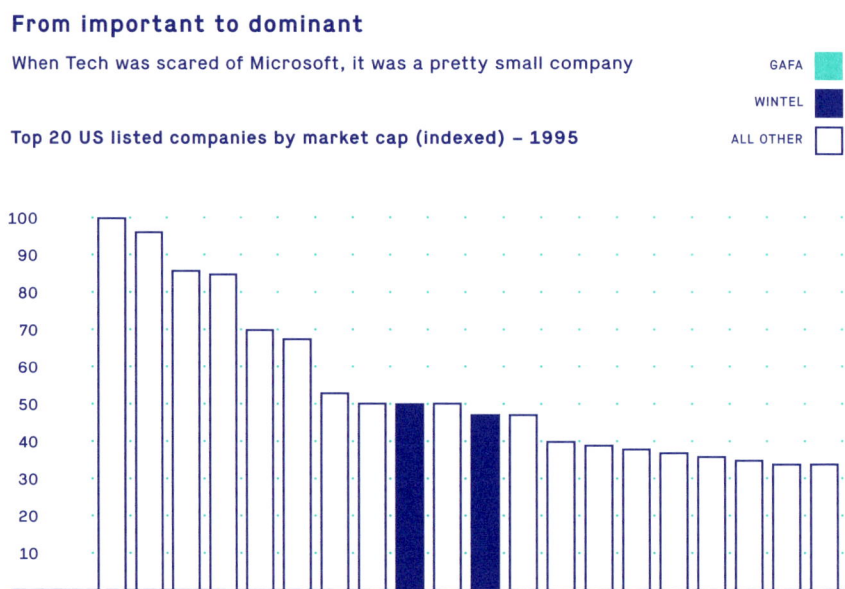

From important to dominant

When Tech was scared of Microsoft, it was a pretty small company

Top 20 US listed companies by market cap (indexed) – 1995

GAFA
WINTEL
ALL OTHER

schotteten chinesischen Markt. 90 Prozent des chinesischen Online-Handels finden auf Plattformen statt. Websites individueller Händler oder Hersteller spielen kaum eine Rolle. Allein auf dem größten Marktplatz – Tmall von Alibaba – sind über 150.000 Händler und 200.000 Marken vertreten. Tmall kassiert ein Eintrittsgeld sowie Kommission für jede Transaktion, bietet dafür aber hohe Sichtbarkeit, sehr viel Traffic, ist leicht anzupassen und für die mobile Nutzung optimiert. Selbst für eine Marke wie Apple stellt Tmall eine Alternative dazu dar, Hunderte oder gar Tausende von physischen Läden im ganzen Land zu eröffnen. Mit einer Börsenbewertung von über 200 Milliarden Euro gehört Alibaba mittlerweile zu den wertvollsten Unternehmen der Welt.

In der gleichen Bewertungsdimension befindet sich auch ein weiterer Mitspieler: WeChat. Mit diesem Dienst organisieren Chinesen immer größere Teile ihres Alltags. WeChat vereint Commerce, Payment, Social, Mobile, Local und über → Application Programming Interfaces (APIs)  unzählige andere Dienste in einer mobilen App. Bemerkenswert ist die Entstehungsgeschichte des Unternehmens. Obwohl er im Besitz des seinerzeit in China führenden

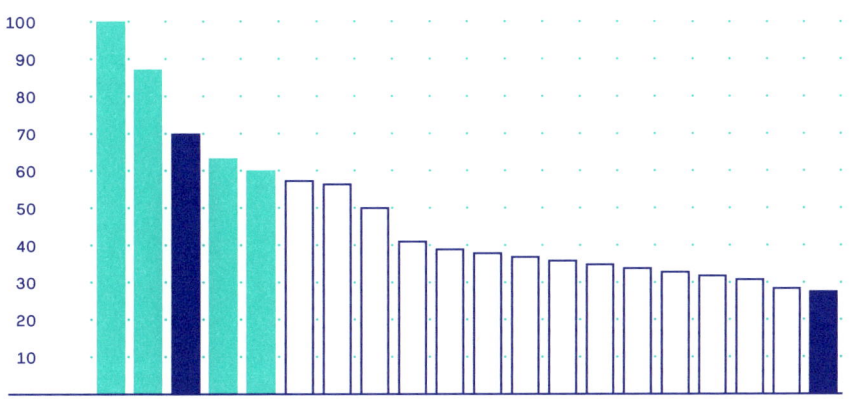

Abb. 3: Börsenbewertung der 20 größten US-Unternehmen

Messengers QQ war, entschied sich der Mutterkonzern Tencent im Jahr 2011, mit WeChat eine völlige neue Messenger-Plattform aufzubauen. Die Idee war, sich komplett auf Mobile zu fokussieren und den Messenger zu einer eigenständigen Plattform auszubauen.

WeChat ist ein Transformationales Produkt par excellence. Je nach Blickwinkel ist es eine mächtige Plattform, das Frontend für beliebige Dienstleistungen oder die Serviceschicht für eine Vielzahl von Produkten. Als Plattform kann es WeChat an Bedeutung durchaus mit den GAFA aufnehmen. Als Frontend für Dienstleistungen setzt es sich, ähnlich wie Google und Facebook, an die Schnittstelle zwischen Anbieter und Nutzer – und konkurriert somit um die Kundenbeziehung. Noch einen Schritt weiter geht WeChat, indem es zur Serviceschicht für Produkte wird – die damit letztlich austauschbar werden. Wer beispielsweise ein Taxi braucht, kann dieses sofort in WeChat bestellen. Mobilitätsdienste wie mytaxi oder Uber werden von WeChat quasi aufgesogen und obsolet gemacht. Die Messenger-Plattform strebt danach, alle denkbaren mobilen Use Cases direkt zu integrieren.

Wir haben in diesem ersten Teil des Buches gesehen, wie sich in den vergangenen Jahrzehnten über die drei Wellen des Personal Computings die Wertschöpfung hin zum Nutzer und zur Kontrolle über die Nutzerschnittstelle verschoben hat. Im zweiten Teil beschäftigen wir uns nun intensiv mit der Frage, wie Produkte in einer Welt ubiquitär vernetzter Hardware, Plattformen und Dienste beschaffen sein müssen, um die Schnittstelle zum Nutzer zu erobern bzw. zurückzuerobern.

DER SIEGESZUG DER GAFA – CHINA: ALIBABA UND WECHAT

TEIL II

60 – 107

CODE

62 – *Transformationale Produkte*
69 – *EXPERIENCE LOOP*

TEIL II – CODE

Transformationale Produkte

Transformationale Produkte besitzen drei Kerneigenschaften. Sie transformieren die Erwartungshaltung und das Verhalten von Nutzern und verändern das Wertschöpfungsmodell eines Unternehmens:

∝ **Transformation der Nutzererwartung.** Die Produkte müssen einen überragenden Nutzenvorteil aufweisen und das Niveau der Erwartung an die Produktkategorie verändern, eben transformieren – im Gegensatz zu lediglich inkrementellen Verbesserungen.

✕∝ **Transformation des Nutzerverhaltens.** Die Produkte führen zu einer nachhaltigen Verhaltensveränderung der Nutzer. Das Marketing ist zudem häufig in das Produkt integriert.

∞ **Transformation der Wertschöpfung.** Die Produkte besitzen das Potenzial, einen signifikanten Umsatz- und Ergebnisbeitrag zu liefern und/oder das alte Geschäftsmodell robust abzusichern. Transformationale Produkte führen in der Organisation zu keinen oder nur geringen Widerständen und sind Katalysatoren für Veränderung.

Wie diese drei Elemente zusammenspielen, wird in diesem Kapitel ausführlich anhand des **EXPERIENCE LOOP** illustriert. Vorher beschäftigen wir uns aber noch mit einer fundamentalen Eigenschaft von Transformationalen Produkten: Sie sind im Kern ein Bündel von digitalen Diensten – mit einer optionalen physischen Komponente – und bieten einen bisher nicht entdeckten Nutzwert.

SERVICES ARE EATING THE WORLD

"People don't want to buy a quarter-inch drill. They want a quarter-inch hole!"

– Theodore Levitt

„Software is eating the world", postulierte der Netscape-Gründer Marc Andreessen 2011 und schuf damit eines jener neuzeitlichen Meme des Silicon Valley, bei denen die Grenze zwischen Erkenntnis und selbsterfüllender Prophezeiung verwischen. Andreessen brachte mit dem Satz den Paradigmenwechsel von der hardware- zur softwarezentrierten Ökonomie auf den Punkt. Aber das ist nur ein Teil des Bildes. Eigentlich sind es die durch Software ermöglichten Services, die die physische Welt zunehmend in Bedrängnis bringen. Die Grundlage für diese Sicht verdanken wir Stephen Vargo und Robert Lusch, die in der Marketingwissenschaft seit über einem Jahrzehnt den Fokus von einer güter- auf eine dienstleistungszentrierte Logik verschieben.

Das von den beiden Autoren entwickelte Konzept der Service-Dominanten Logik (S-DL) geht zurück auf ihre Publikation aus dem Jahre 2004, die seither stetig an Einfluss gewinnt. Die Kernidee: Der Dienstleistungsanteil (Service) macht den wesentlichen Teil der gesamten Wertschöpfung eines Produkts aus. Jedes Produkt (auch jedes physische) ist ein Bündel aus Dienstleistungen. Nach dem Verständnis der S-DL besteht die Kernleistung eines Unternehmens der Güterproduktion in der Orchestrierung eines komplexen Dienstleistungsbündels, bestehend aus Institutionen, Kapital, Designern, Zulieferern, Fabriken, Logistik, Marketing, Handel und so weiter. Die Dienstleistung wird lediglich durch den physischen Proxy (zum Beispiel ein Auto) verdeckt.

Vargo und Lusch haben ihre Ideen als allgemeingültige Theorie allen Wirtschaftens im vergangenen Jahrzehnt nicht explizit mit Blick auf die Digitalisierung beschrieben. Die Brisanz ihrer Arbeit liegt aber genau hier verborgen. Dienstleistungen folgen durch die Digitalisierung einer Software-Logik und lassen sich unabhängig von der von Menschen erbrachten Leistung zu vernachlässigbaren Kosten exponentiell skalieren. Aus der menschlichen Dienstleistung wird durch Software ein digitaler Dienst (im Englischen wird bezeichnenderweise sprachlich nicht zwischen Dienstleistung und Dienst unterschieden – beides ist ein Service). Wo Menschen noch in der Dienstleistung unabdingbar sind – etwa als Taxifahrer, Picker im Lager oder Sachbearbeiter –, werden sie allenfalls als Zwischenschritt zur Etablierung eines digitalen Dienstes geduldet.

Die S-DL beschreibt noch einen weiteren wichtigen Aspekt im Rahmen der Digitalisierung: Selbst für ein physisches Produkt wie das Auto liegt der Wert nicht in den Atomen, aus denen es besteht, das heißt im materiellen Anteil der Wertschöpfung, sondern in seinem Gebrauchswert – Vargo und Lusch nennen das den → Value in Use. Der Gebrauchswert unterscheidet sich vom Tauschwert (→ Value in Exchange). Spotify kann als Streamingdienst für einen Abonnenten einen hohen Nutzen haben, aber der Musikservice besitzt keinen Tauschwert für den Nutzer.

Das zudem von Vargo und Lusch eingeführte Konzept der → Co-Creation besagt, dass der Wert eines Produkts nicht zu denken ist, ohne den Nutzer – oder in der Sprache der güterzentrierten Logik: den Konsumenten – mit einzubeziehen. Beispielsweise hat der Besitz einer Bohrmaschine nur dann einen Wert, wenn diese auch verwendet wird. Der Wert eines Produkts hängt demnach von seinem Gebrauchswert ab. Wenn wir diesen Gedanken auf die digitale Welt anwenden, ist offenkundig, dass der Wert oft von den Nutzern selbst generiert wird. Die Suchergebnisse von Google werden über die eigene Nutzungshistorie hinweg personalisiert, und auch der Klick auf die AdWords-Anzeige erfolgt durch den Nutzer. Er nimmt hier die Rolle des → Co-Creators ein, wenn die selbstlernenden KI-Instanzen von Google die Ergebnisseiten durch die Analyse unseres Suchverhaltens kontinuierlich verbessern.

Die beiden Autoren machen zudem darauf aufmerksam, dass dieser Effekt nicht gänzlich neu ist. Er war bloß nie so explizit sichtbar und so gut verstanden wie heute. Auch Konzepte aus der Zeit vor dem Internet wie beispielsweise IKEA sind ohne die Einbeziehung des Kunden nicht denkbar. Wer ein Regal kauft und es sich per Kurierdienst liefern und zu Hause aufbauen lässt, zahlt für die Dienstleistung mehr als für das Pressholz. Die Transport- und Aufbauleistung des Kunden ist inhärenter Produktbestandteil. Da genau diese Eigenleistung nicht digitalisierbar ist, tut sich IKEA auch extrem schwer, sein Geschäftsmodell für eine digitale Welt zu adaptieren.

Produkte umfassen sowohl die dinglichen Erzeugnisse eines Unternehmens als auch die Dienstleistungen durch Menschen, die wiederum zunehmend durch softwarebasierte Dienste schrittweise ersetzt werden. Gleichzeitig werden physische Produkte durch eine neue Diensteschicht (Service Layer) immer stärker angereichert. Ohne den iTunes Store und das von Apple entwickelte Ökosystem wäre der iPod nur eine teure Festplatte geblieben. Erst durch Apps und Cloud-Dienste wird ein smart zum car2go. Es ist daher eine sinnvolle Strategie, den Fokus der Produktentwicklung auf den digitalen Service Layer zu legen, denn hier lässt sich der Gebrauchswert auch von physischen Produkten und traditionellen Dienstleistungen mit den Gesetzen der Software-Welt hebeln: Netzwerkeffekte, Skalierbarkeit sowie exponentielle Kostenvorteile über die Zeit, wie wir im ersten Teil des Buches gesehen haben.

Produkte gravitieren heute auf die Diensteeigenschaften, die sie ihren Nutzern bieten. Das gilt auch für ganze Unternehmen. Banken und Versicherungen ziehen sich immer mehr aus der Fläche zurück und wickeln ihre Geschäfte digital ab. Aber auch Branchen wie die Telekommunikation lösen ihre Rechenzentren und Vermittlungsstellen auf und verschieben sie in die Cloud-Infrastrukturen von Dritten. Sogar die Sendemasten und die Empfangstechnik werden immer weniger selbst errichtet und betrieben, sondern sie gehen in der städtischen Infrastruktur auf und werden mit Dritten geteilt. Auch hier virtualisiert sich die Physik der Unternehmen, und ihre Produkte entwickeln sich zu Diensten. Hierin liegt aber auch immer eine Falle. Der amerikanische Venture-Capitalist Benedict Evans bemerkte bereits vor einigen Jahren:

> "It is easier for software to enter other industries than for other industries to hire software people."

Als wesentlicher Wertbeitrag von Produkten scheint immer mehr das Dienstebündel hervor, das ein Unternehmen orchestriert. Dies gilt selbst für Produkte wie die der Automobilindustrie, die uns Deutschen ja sehr naheliegen. Trotz der starken Dinglichkeit des Objektes werden auch hier die Services immer wichtiger: Fügt sich das Auto in meine heutigen Alltagsdienste ein (von Messaging über Entertainment bis Navigation)? Welche zusätzlichen Dienste kann ich im oder rund ums Auto nutzen? Brauche ich überhaupt ein eigenes Auto, oder reicht vielleicht auch nur ein Fahrdienst?

Noch ist unklar, wie groß der Anteil der Diensteschicht am Gesamtprodukt Auto künftig sein wird. Absehbar ist, dass durch die Elektrifizierung des Antriebsstrangs der Motor zur Commodity wird. Parallel wird die Erwartungshaltung von Nutzern immer stärker durch die User Experience von digitalen Diensten geprägt, die sie auch außerhalb des Autos nutzen. Audi-Vorstandschef Rupert Stadler sagt, dass sein Unternehmen in Zukunft 50 Prozent der Umsätze mit digitalen Diensten machen will, also eine Balance zwischen physischen und nicht physischen Anteilen anstrebt.

Bei Transformationalen Produkten sind die digitalen Dienste der entscheidende Werttreiber. Die Welt der Atome, so beschreibt es die S-DL, ist eigentlich nur ein Proxy, ein Hilfsmittel, um Dienstleistungen zu verpacken – vergleichbar einem Token, das man weitergibt, um sichtbar zu machen, dass ein Service den Besitzer gewechselt hat. Man könnte also sagen: „Services, not software, are eating the world."

ENTDECKUNG VON NUTZWERT

"Users do not care about what is inside the box, as long as the box does what they need done."

– Jef Raskin

Jedes erfolgreiche Produkt löst ein echtes Problem. Was die S-DL als Gebrauchswert (Value in Use) beschreibt, bezeichnet Clayton Christensen in „The Innovator's Solution" als „jobs to be done". Menschen entscheiden sich für Produkte, weil sie ein konkretes Problem lösen wollen. Christensen illustriert diesen Gedanken mit dem berühmt gewordenen Beispiel einer Fast-Food-Kette, die Milchshakes verkauft.

Herkömmliche Marktforschung segmentiert die Milchshake-Käufer anhand diverser psychodemografischer Dimensionen und befragt Fokusgruppen nach ihren Wünschen: Sollten die Milchshakes etwa dickflüssiger, schokoladiger, billiger oder stückiger sein? Dieses Verfahren liefert zwar klare Ergebnisse, aber keine der Neuerungen führt anschließend zu signifikanten Veränderungen der Verkaufszahlen oder des Profits. Anders die Frage nach dem Problem, das ein Milchshake für den Konsumenten lösen soll. Beobachtungen zeigen zunächst, dass fast die Hälfte aller Milchshakes am frühen Morgen gekauft werden.

Die Befragung der Käufer ergibt, dass es sich um Pendler handelt, die ihre Fahrt zur Arbeit interessanter gestalten wollen. Sie sind zwar noch nicht hungrig, wenn sie den Milchshake kaufen, wissen aber, dass sie spätestens um 10 Uhr Hunger haben werden. Sie haben es eilig, tragen bereits ihre Bürokleidung und haben meistens nur eine Hand frei. Bagels krümeln und machen die Finger fettig. Bananen sind zu schnell gegessen und lösen das Problem der Langeweile auf der Fahrt ins Büro nicht. Ein Milchshake ist in diesem Fall die beste Lösung.

Solche im Grunde banal erscheinenden Erkenntnisse geben der Produktentwicklung eine klare Vorstellung an die Hand, wie das Produkt verbessert werden kann und was in den Augen der Konsumenten tatsächlich damit konkurriert. Der Nutzwert, den ein Milchshake bietet, kann völlig anders sein, als man es zunächst vermuten würde. Für die Entwicklung eines besseren Milchshakes muss dieser Nutzwert aber erst einmal aufgedeckt werden.

Transformationale Produkte besitzen also neben den drei Eigenschaften, die wir schon kennen, ein weiteres wichtiges Attribut: Sie sind im Kern ein Bündel von digitalen Diensten – mit einer optionalen physischen Komponente. Im nächsten Abschnitt sehen wir, wie diese Eigenschaften im **EXPERIENCE LOOP** zusammenspielen.

EXPERIENCE LOOP

Die Digitale Transformation wird nicht von den Unternehmen selbst angetrieben. Der Vektor der Veränderung geht vom Nutzer aus, der gleichzeitig auch Co-Creator der Wertschöpfung ist. Die gemeinsame Wertschöpfung von Nutzern und Unternehmen bildet den Transmissionsriemen, der sich über die Stationen **SERVICE DIFFUSION, SERVICE EXPERIENCE** und **SERVICE CO-CREATION** spannt. Den Transmissionsriemen nennen wir in unserem Modell den **EXPERIENCE LOOP**.

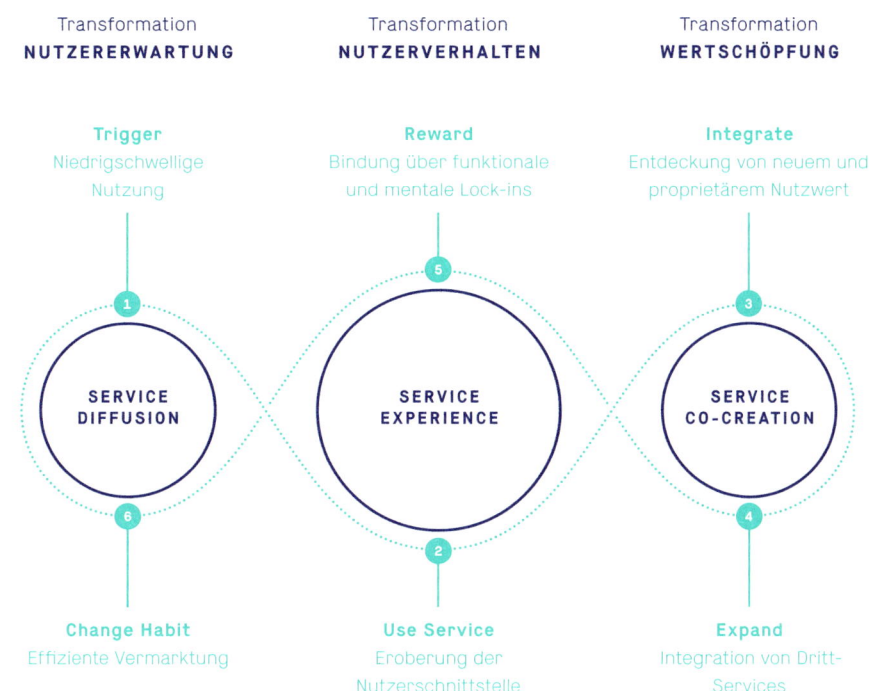

Abb. 4: Experience Loop

Die sechs Schritte des **EXPERIENCE LOOP** illustrieren wir im Folgenden am Beispiel eines Chauffeurservice:

① **Trigger – niedrigschwellige Nutzung.** Schneller Onboarding-Prozess in der App, der über eine erste Freifahrt zusätzlich incentiviert wird.

② **Use Service – Eroberung der Nutzerschnittstelle.** Intuitives Interface, das über Tracking der Fahrzeuge und Fahrerbewertungen mehr Transparenz bietet als traditionelle Taxizentralen.

③ **Integrate – Entdeckung von neuem und proprietärem Nutzwert.** Aufbau eines dezentralen Taxinetzes und Nutzung von Netzwerkeffekten, um Nutzer und Fahrer effizienter zusammenzuführen. Das dichteste Netz besitzt den höchsten Nutzwert für Fahrer und Fahrgäste (Auslastung, Vermittlungszeit, Verfügbarkeit).

④ **Expand – Integration von Drittservices.** Nutzung von externen Login-, Tracking-, Bezahl- und Kartendiensten. Integration von Angeboten für Carsharing, Sammelfahrten und öffentlichen Nahverkehr.

⑤ **Reward – Bindung über funktionale und mentale Lock-ins.** Sehr schnelle Verfügbarkeit des Chauffeurdienstes, hohe Qualität der Fahrer, Transparenz über alternative Mobilitätsdienste und bequemes Bezahlen sorgen für ein wesentlich besseres – und vor allen Dingen konstant verlässliches – Nutzererlebnis als bei der bisherigen Taxilotterie. Die App ersetzt den herkömmlichen Taxiruf.

⑥ **Change Habit – effiziente Vermarktung.** Mentale und funktionale Lock-ins sorgen für eine sehr hohe Nutzerbindung, sodass sich die Kundengewinnungskosten über den gesamten Lebenszyklus rechnen. Gleichzeitig werden zufriedene Nutzer incentiviert, ihre Freunde ebenfalls zum Service einzuladen.

Der **EXPERIENCE LOOP** spannt sich über drei Stationen, die wir zunächst knapp skizzieren und nachfolgend im Detail beschreiben.

∝ **SERVICE DIFFUSION – die Transformation der Nutzererwartung**

Transformationale Produkte verändern die Erwartungen der Nutzer an die gesamte Produktkategorie durch die Einlösung eines **radikalen Nutzenversprechens.** Der Ausgangspunkt ist immer der Nutzer, der durch das niedrigschwellige Ausprobieren eines Produkts überzeugt wird **(Casualness)**. Transformationale Produkte bieten einen deutlichen Nutzenvorteil mit hoher Relevanz im Alltag der Konsumenten und damit wesentlich mehr als nur inkrementelle Verbesserungen. Kurz: Sie erledigen Dinge um eine Größenordnung besser, zum Beispiel zehnmal schneller, günstiger oder bequemer **(10x Value)**. Der so realisierte Wert veranlasst Nutzer häufig dazu, diese Erfahrung mit Dritten zu teilen. Schließlich umfasst auch die Produktnutzung häufig die Integration von Nichtnutzern. Transformationale Produkte besitzen daher von sich aus eine gewisse Viralität. Das Marketing ist quasi ins Produkt eingebaut **(Built-in Marketing)**.

SERVICE EXPERIENCE – die Transformation des Nutzerverhaltens

Wert entsteht für Unternehmen und Nutzer gleichermaßen erst bei einer Verhaltensänderung und steten Nutzung des Service. Transformationale Produkte besitzen daher immer einen zentralen Login als Ausgangspunkt für die Personalisierung und Konfektionierung der Dienste. Wenn ein digitales Produkt im Leben der Menschen einrastet, sprechen wir von einem **Lock-in.** Dies kann ein **mentaler Lock-in** sein, wenn Nutzer bestimmte Tasks quasi per Autopiloten erledigen. Lock-ins können aber auch **funktional** errichtet werden. Die Interaktion mit dem digitalen Produkt erfolgt über ein → **User Interface (UI).** Die gesamte Produkterfahrung des Nutzers macht die **User Experience (UX)** aus.

SERVICE CO-CREATION – die Transformation der Wertschöpfung

Transformationale Produkte greifen fundamental in tradierte Wertschöpfungsketten ein und erzwingen ein eigenes **Business Model.** Dieses muss das Potenzial besitzen, signifikante Umsatz- und Ergebnisbeiträge zu liefern oder zumindest bestehende Geschäftsmodelle robust abzusichern. In beiden Fällen braucht es Skalierung **(Scale).** Die Integration zusätzlicher Wertschöpfungspartner erfolgt über **APIs.** Daten schließlich bilden die Basis für die Personalisierung der Dienste (insbesondere bei der Nutzung von AI-Methoden) und kreieren im Zusammenspiel mit der Integration von Drittdiensten eigenständige Wertbeiträge **(Data).**

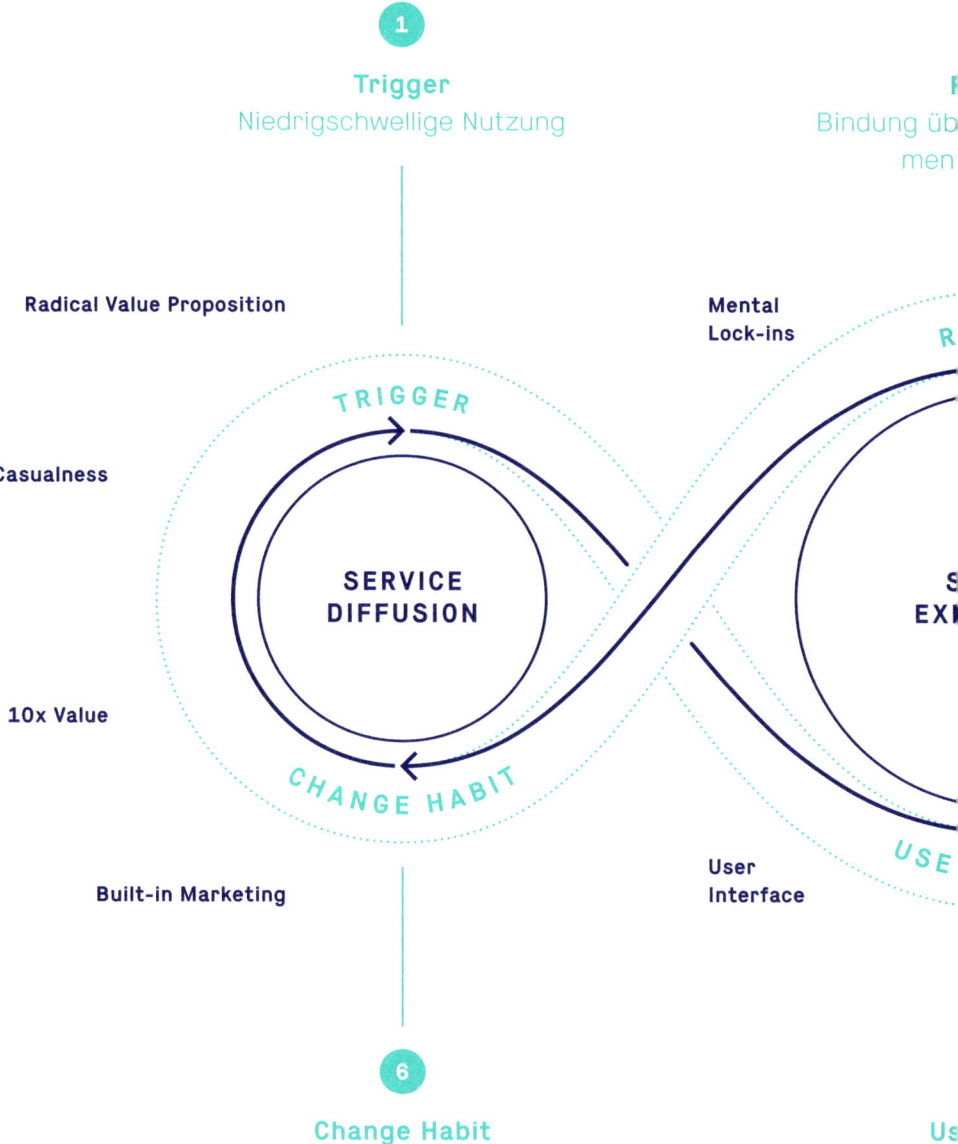

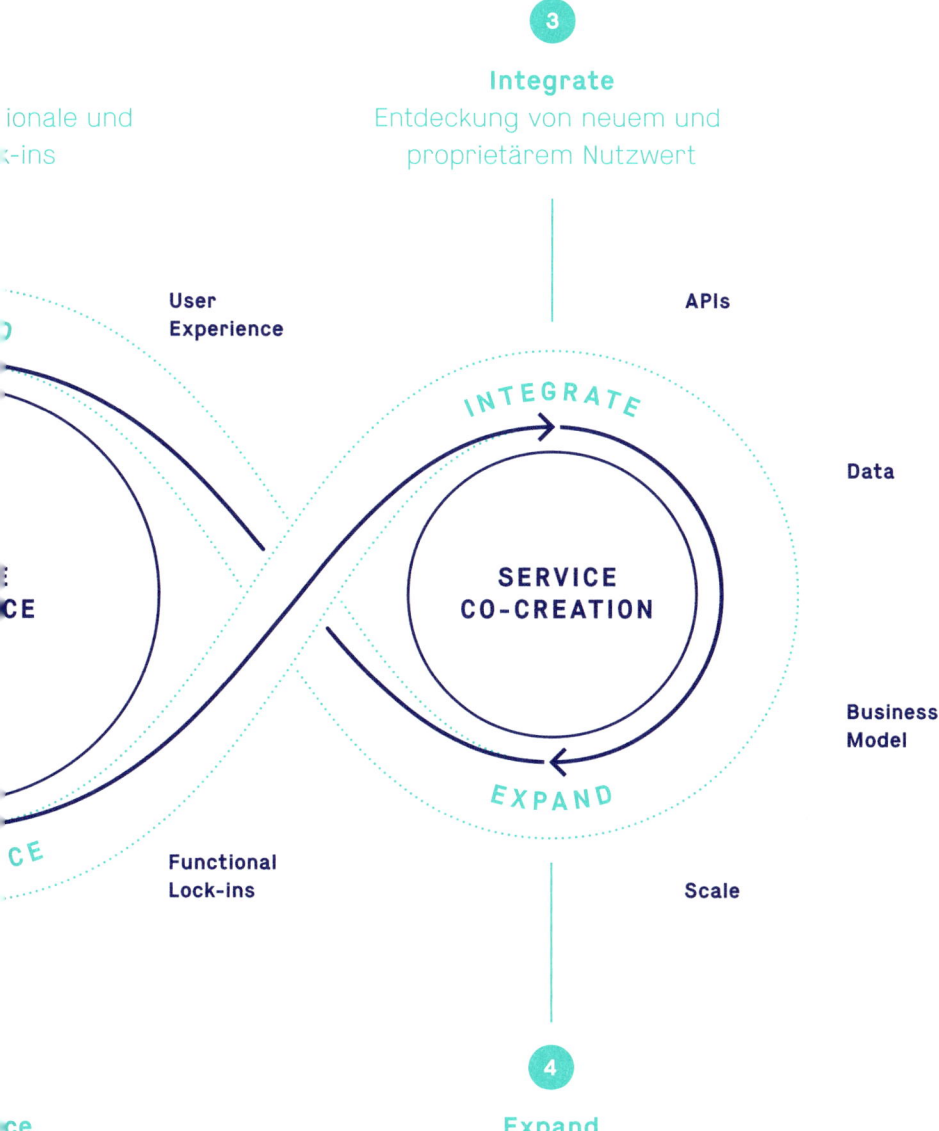

SERVICE DIFFUSION – die Transformation der Nutzererwartung

Innovative Produkte können Märkte formen, indem sie die Erwartungen der Nutzer an die Produktkategorie transformieren. Amazons 1-Click-Shopping beispielsweise hat im Gespann mit Prime unsere Erwartungen an E-Commerce stark verändert. Interessanterweise überspringen veränderte Nutzererwartungen relativ schnell die Grenzen der originären Produktkategorie. So verfolgt beispielsweise Uber im Bereich Mobilität die gleiche Logik wie Amazon: Es besorgt extrem schnell, günstig und zuverlässig ein Taxi mit nur einem Klick. In dieses Muster passt auch der Dash-Button von Amazon, der Bestellknopf für physische Produkte.

Auf einer abstrakten Ebene geht es bei den obigen Beispielen um die sofortige und qualitativ hochwertige Befriedigung eines Bedürfnisses (on Demand). Was früher eine wichtige Funktion von Marken war, nämlich Sicherheit für schnelle Kaufentscheidungen zu gewährleisten, übernehmen nun digitale Dienste. Sie besetzen die entsprechenden Plätze in den Köpfen der Nutzer und Buttons auf dem Smartphone. Was im analogen Zeitalter die leicht zu merkenden Telefonnummern des Taxirufs waren, sind heute die Apps von mytaxi oder Uber. Darin steckt eine große Chance für Transformationale Produkte: Probleme und unentdeckte Bedürfnisse von Menschen zu entdecken und Angebote zu entwickeln, die die Erwartungen an die Produktkategorie verschieben.

SERVICE DIFFUSION

Transformation
NUTZERERWARTUNG

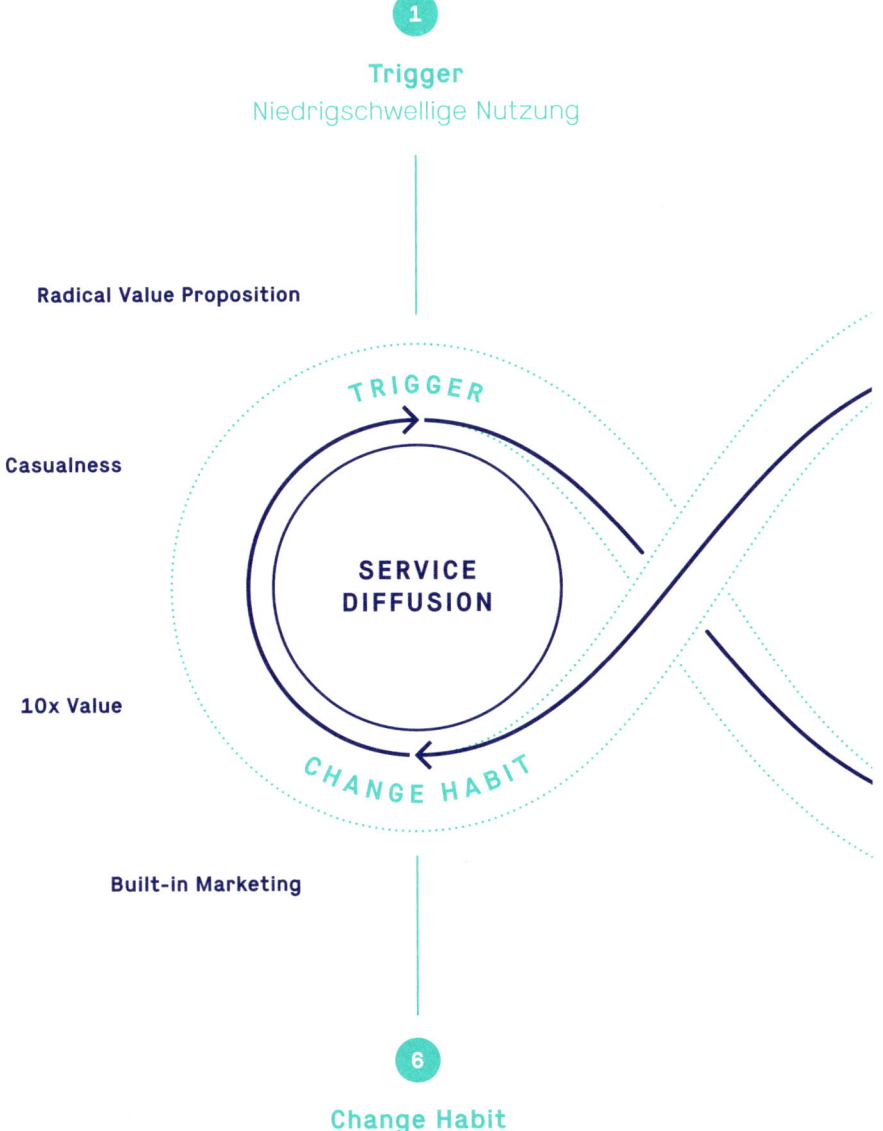

1

Trigger
Niedrigschwellige Nutzung

Radical Value Proposition

Casualness

10x Value

Built-in Marketing

6

Change Habit
Effiziente Vermarktung

CASUALNESS

Transformationale Produkte verhalten sich zu klassischen Software-Produkten wie Casual Games zu komplexen Strategiespielen. Sie müssen so gestaltet sein, dass sie ohne Mittler und mentale Anstrengung sofort funktionieren. Eben wie bei Casual Games, die sofort Spaß bringen müssen. Für das Design Transformationaler Produkte ist der Startpunkt daher immer ein intimes Verständnis des Nutzers. Dies unterscheidet den Designprozess von der traditionellen Entwicklung, die bei Legacy-Systemen und Unternehmensprozessen startet und bei den Nutzern endet.

Tatsächlich taucht die Figur des Endnutzers in der IT erstmals in den späten 1980er-Jahren auf. Der Zeitpunkt lässt sich auf den Aufstieg der PCs während der ersten Welle des Personal Computings zurückdatieren. Noch in den 1960er- und 1970er-Jahren waren die Computernutzer in Unternehmen praktisch ausschließlich Experten. Die Revolution der Microcomputer beendete dieses Monopol und gab Computer erstmals in die Hände der Anwender und schließlich der Konsumenten, was rückblickend auch als → Consumerization beschrieben wird. Dieser Begriff wurde wahrscheinlich erstmals 2001 von Douglas Neal und John Taylor verwendet. Die einst strikte Trennung zwischen Enterprise und Consumer ist heute aufgeweicht. Menschen bringen eigene Geräte mit zur Arbeit („bring your own device") und nehmen Firmengeräte mit nach Hause. Sie haben von überall Zugriff auf die Systeme, mit denen sie arbeiten – die Voraussetzung für Homeoffice und verteilte Unternehmen ohne eigene Büros.

In der IT hat diese Revolution eine Veränderung des Denkens und Arbeitens erzwungen. Man war genötigt, auf den User einzugehen, attraktiv für ihn zu werden und die Produkte auf den Nutzer auszurichten. Entwickler und Anwender müssen quasi eine Partnerschaft mit beiderseitigem Nutzen eingehen. Unter dem Einfluss dieser Notwendigkeit hat in den 1990er-Jahren die nutzerorientierte Gestaltung (→ User-Centered Design) stark an Bedeutung gewonnen. In den folgenden zwei Jahrzehnten hat sie sich in verschiedenste Designschulen aufgefächert, deren gemeinsamer Kern darin lag, das digitale Produkt immer im Hinblick auf die Nutzbarkeit zu optimieren – und nicht umgekehrt die Nutzer zu zwingen, ihr Verhalten an das Produkt anzupassen.

Bei Transformationalen Produkten verschiebt sich der Fokus des Designprozesses noch weiter zum Nutzer. Die Funktionalität des Produkts muss sich dem Nutzer vollständig von allein erschließen: Oftmals trifft der Nutzer noch nicht einmal eine bewusste Entscheidung. Der Dienst, den ein Transformationales Produkt erbringt, wird von Nutzern häufig zunächst erst beiläufig ausprobiert und schleicht sich langsam in den Alltag der Menschen. Die Bindung zwischen Produkt und Nutzer ist am Anfang sehr locker und → casual.

RADIKALES NUTZENVERSPRECHEN

Erfolgreiche Unternehmen sind sehr gut darin, Dinge richtig zu machen. Bei Transformationalen Produkten geht es mehr darum, die richtigen Dinge zu liefern. Und das sofort – statt es nur zu versprechen. Im digitalen Zeitalter verkürzen sich die Zeitspannen, in denen Unternehmen die Erfolgsprodukte der Vergangenheit durch Optimierung weiter melken können. Dabei sind das Silicon Valley und Seattle mit visionären Versprechen groß geworden. So stellte zum Beispiel Bill Gates bereits 1994 seine Vision von „Information at Your Fingertips" vor. Allerdings glaubte der seinerzeit noch immer jugendlich wirkende Microsoft-Gründer damals noch nicht an das Internet, sondern an sein eigenes „Microsoft Network". Diesen Irrtum versuchte er zwar schnell zu korrigieren, aber letztlich realisierte Google seine Vision. Sergey Brin und Larry Page schrieben sich auf die Fahnen, alle Daten der Welt zu organisieren sowie allgemein zugänglich und nutzbar zu machen. Sie versprachen aber nichts, sondern gingen die Sache einfach an – und lieferten das entscheidend bessere Produkt. Und darauf kommt es im digitalen Zeitalter an.

Transformationale Produkte besitzen ein radikales Nutzenversprechen – und lösen es sofort ein. Die unmittelbare Lieferung eines positiven Ergebnisses erzeugt ein direktes Erfolgserlebnis für den Nutzer und ist der erste Schritt in Richtung einer nachhaltigen Verhaltensänderung. Durch kontinuierliche Wiederholung und Bestätigung der positiven Erfahrung besetzt das Produkt mit der Zeit eine feste Position in den Köpfen der Nutzer und triggert die zusehends routinierte Produktnutzung.

10X VALUE

Larry Page, der CEO von Googles Muttergesellschaft Alphabet, ist nicht damit zufrieden, ein bestehendes Produkt um 10 Prozent zu verbessern. Denn damit mache man in seinen Augen nichts anderes als das, was der Wettbewerb auch praktiziere: inkrementelle Verbesserungen. Page setzt stattdessen darauf, Produkte zu entwickeln, die zehnmal besser sind als der Wettbewerb.

Es ist der Unterschied zwischen Evolution und Revolution, zwischen linearen und exponentiellen Veränderungen. Es setzt voraus, einem Problem wirklich auf den Grund zu gehen und es von dort aus neu zu durchdenken. Aus dieser Sichtweise heraus ist Gmail entstanden, der E-Mail-Dienst von Google. Als Gmail am 1. April 2004 an den Start ging, glaubten manche an einen Aprilscherz. Zu krass war der Sprung im Vergleich zu anderen Webmail-Diensten der damaligen Zeit. Wo diese zum Teil nur 20 MB Speicherplatz boten, ging Gmail mit 1 GB in den Markt. Nie wieder Mail löschen oder sortieren, lautete eines der Leistungsversprechen. Stattdessen wurde Mail durchsuchbar wie zuvor das Web. Auch das Frontend war radikal anders als alles, was man bis dato kannte. In vielerlei Hinsicht hinkte Gmail dem Marktstandard hinterher. Zum Beispiel war es nicht offlinefähig und benötigte somit immer eine Internetverbindung. Die schiere Größe des Speichers und die Stärke der Suchfunktion waren aber so schlagende Argumente, dass sich Gmail trotzdem in kürzester Zeit durchsetzte.

1997 publizierten Charles E. Lucier, Leslie H. Moeller und Raymond Held ein Papier mit der These, dass eine Steigerung des Kundennutzens (Customer Value) um den Faktor 10 der einzige Weg sei, um nachhaltig über einen längeren Zeitraum hinweg Mehrwert für die Anteilseigner (Shareholder Value) zu generieren. Das Konzept nannten sie „10x Value". Um den zehnfachen Wert zu schaffen, sei Innovation erforderlich, entweder durch Strategie oder durch Produkte und Services. Und zwar nicht eine einzelne „Big Idea", sondern eine ganze Reihe von Innovationen.

In seinem 1999 erschienenen, einflussreichen Buch „Only the Paranoid Survive" identifiziert Andy Grove, damals CEO von Intel, eine ganze Reihe von „10x Forces", die ein Unternehmen aus dem Markt drängen können: Wettbewerber, Zulieferer, Kunden, potenzielle Wettbewerber, Substitution, Komplementoren. Mit anderen Worten: In jedem einzelnen Teil eines Geschäftsmodells lauert die Möglichkeit der Disruption. Grant Cardone rät in seinem Buch „The 10x Rule" dazu, die eigenen Ziele – und konsequenterweise auch die nötigen Anstrengungen und Aufwendungen – zu verzehnfachen. Darin liegt Cardone zufolge der Unterschied zwischen Erfolg und Scheitern.

Man mag all das als typisch amerikanische Business-Prosa abtun. Der Punkt ist aber: Für die Entwicklung Transformationaler Produkte ist dieser Ansatz zwingend. Er macht klar, dass inkrementelle Verbesserungen nicht ausreichen, um das Verhalten von Menschen nachhaltig zu ändern. Erhöht sich die Temperatur im Kessel nur langsam, so springt der Frosch nicht. Mit dem Faktor 10 betreten wir die Sphäre des exponentiellen Unterschieds. Ein neues Produkt muss nicht nur linear besser sein als bestehende Konkurrenten, sondern es muss auch (Teil-)Eigenschaften besitzen, die dramatisch besser sind als die bisheriger Lösungen. Andernfalls wird die Trägheit der Nutzer dazu führen, dass sie beim gewohnten Produkt bleiben.

Dieser Gedanke ist in der Welt der Start-ups und des Risikokapitals weitverbreitet. Michael Skok, Partner bei Underscore.VC und Entrepreneur in Residence an der Harvard Business School, stellt fest: „If you can't deliver a 10x promise, customers will typically default to ‚do nothing' rather than bearing the risk of working with a startup." Risikokapitalgeber erwarten im Gegenzug auch mindestens eine Verzehnfachung des eingesetzten Kapitals, denn nur so können sie das Risiko ihrer Investition kompensieren. Für Transformationale Produkte gilt das gleiche Gesetz, auch wenn sie nicht in Start-ups entstehen. Zum einen befinden sie sich im Wettbewerb mit Start-ups, die nach einer Verzehnfachung des Nutzenversprechens streben. Zum anderen müssen sie die Trägheit der Nutzer überwinden, für die Nichtstun schließlich immer eine valide Option ist.

BUILT-IN MARKETING

Sean Ellis prägte im Jahr 2010 den Begriff → Growth Hacker. Darin stecken zwei wichtige Elemente: der Fokus auf Wachstum und das Coding als Mittel

TEIL II – CODE

TRADITIONELLE MARKETING LEGACY

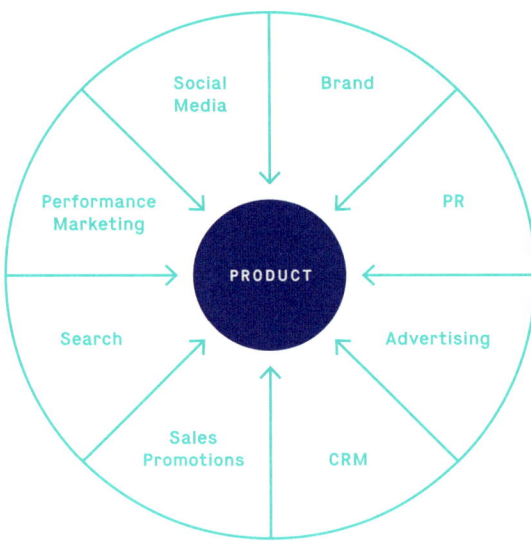

BUILT-IN MARKETING SERVICE LAYER

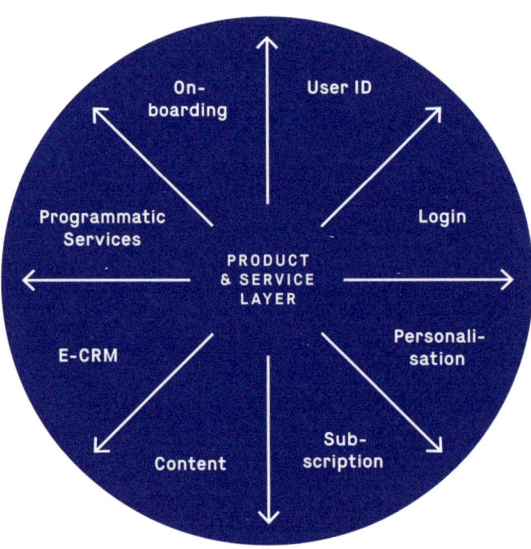

Abb. 5: Marketing Legacy vs. Built-in Marketing

zu diesem Zweck. Growth Hacker haben ein Grundverständnis für beide Seiten – Marketing und Programmierung. Sie integrieren sämtliche Facetten des Marketings (Branding, Kundengewinnung, Onboarding, Monetarisierung, Retention und Viralität) in das Produkt selbst. Dabei steht Wachstum als Ziel stets an erster Stelle. Warum das so wichtig ist, sehen wir später, wenn wir über das Thema Skalierung (→ Scale) sprechen.

Die Integration des Marketings in das Produkt illustriert einen wichtigen Paradigmenwechsel. Traditionelle Produkte besitzen eine Marketing Legacy: Brand Identity, Advertising, Direct Marketing, Customer Relationship Management, Public Relations, Events, Vertriebskanäle und vieles mehr. Die erste Digitalisierungswelle hat der ohnehin komplexen Marketingschicht noch weitere Facetten hinzugefügt (wie etwa Search, Affiliate Marketing oder Social Media). Zu dieser Legacy gehören auch externe Mittler wie Medien und Vertriebsstrukturen.

Bei Transformationalen Produkten fallen hingegen Produkt, Medium und Vertriebskanal zusammen: Sie sind alles drei gleichzeitig. Die Marketing Legacy wird durch einen Service Layer ausgetauscht, der Nutzer und Unternehmen verbindet. Die Produktnutzung erfolgt unmittelbar ohne externe Marketinganstöße. Transformationale Produkte kreieren Wert oft erst durch hochfrequente Nutzung.

Google, Amazon und Facebook gehören heute zu den wertvollsten Marken der Welt – und das wurden sie, ohne einen Dollar in Werbung investiert zu haben. Ihre Produkte besitzen einen differenzierenden Nutzwert, und ihre Marketingleistung ist als Produktbestandteil fest eingebettet. Selbst Apple, als Hybrid zwischen Hardware- und Digitalplayer, investiert erheblich weniger Geld in Werbung als Wettbewerber wie Samsung. Ein hoher Marketinganteil ist immer auch ein Proxy für ein grundlegendes Produktproblem im Markt.

Digitale Produkte benötigen die Markierungsfunktion des Branding sehr viel weniger als physische Produkte. Ein kleines Indiz hierfür ist bereits, wie lässig digitale Unternehmen beispielsweise mit ihren Markenlogos umgehen. Vertrauen wird nicht durch kommunikative Präsenz, sondern durch die stete

Alltagsnutzung aufgebaut. Auch die Identitätsfunktion einer Marke entfällt sehr häufig: Digitale Produkte wie Carsharing-Dienste werden umso wertvoller, je mehr Nachbarn sie ebenfalls nutzen (weil dann die Netzqualität und Verfügbarkeit steigt).

Die einfachste Metrik, die Eigenvermarktungsstärke eines Produkts im Markt zu messen, ist der Net Promoter Score (NPS). Der dahinterliegende Gedanke ist bestechend schlicht: Kunden werden befragt, ob sie das Produkt anderen Nutzern weiterempfehlen würden. Die Skala reicht von 0–10. Wer 9–10 angibt, gehört zur extrem wichtigen Gruppe der Promoter, die ihren Freunden von dem Produkt ungestützt erzählen; es sind die Evangelisten des Produkts. Werte von 7–8 deuten auf neutrale/passive Nutzer hin, aber schon ab dem Wert 6 beginnt die Gruppe derjenigen, die auf Nachfrage vom Produkt abraten.

SERVICE DIFFUSION – BUILT-IN MARKETING

SERVICE EXPERIENCE – die Transformation des Nutzerverhaltens

In der alten Welt der Massenproduktion von physischen Gütern musste jeder Artikel genau einmal verkauft werden. Ob der Konsument dann das Produkt nur ein einziges Mal nutzte oder ob es zum Teil seines Alltags wurde, spielte für den Hersteller erst einmal keine große Rolle. Deshalb war es rational, große Mengen von standardisierten Gütern zu produzieren, die sich mit den Methoden des klassischen Marketings in den Markt drücken ließen (Push). In der logischen Sekunde des Verkaufs an den Konsumenten war der wirtschaftliche Erfolg gesichert. Deshalb war Nachhaltigkeit kein zentraler Wert des Industriezeitalters. Digitale Produkte funktionieren anders. Ein Transformationales Produkt ist nur dann erfolgreich, wenn der Nutzer es regelmäßig nutzt (Nachhaltigkeit) und es auf ihn persönlich zugeschnitten ist (Personalisierung). Es kreiert mehr Wert, je intensiver es genutzt wird. Regelmäßige Nutzung setzt eine Veränderung des Nutzerverhaltens voraus.

LOCK-INS

Damit ein Transformationales Produkt im Leben des Nutzers einrasten kann (Lock-in), braucht es zunächst etwas scheinbar Triviales: einen Login. Ein Nutzerkonto ist die Basis für personalisierte Services und das Wachsen einer

SERVICE EXPERIENCE

Transformation
NUTZERVERHALTEN

5

Reward
Bindung über funktionale und mentale Lock-ins

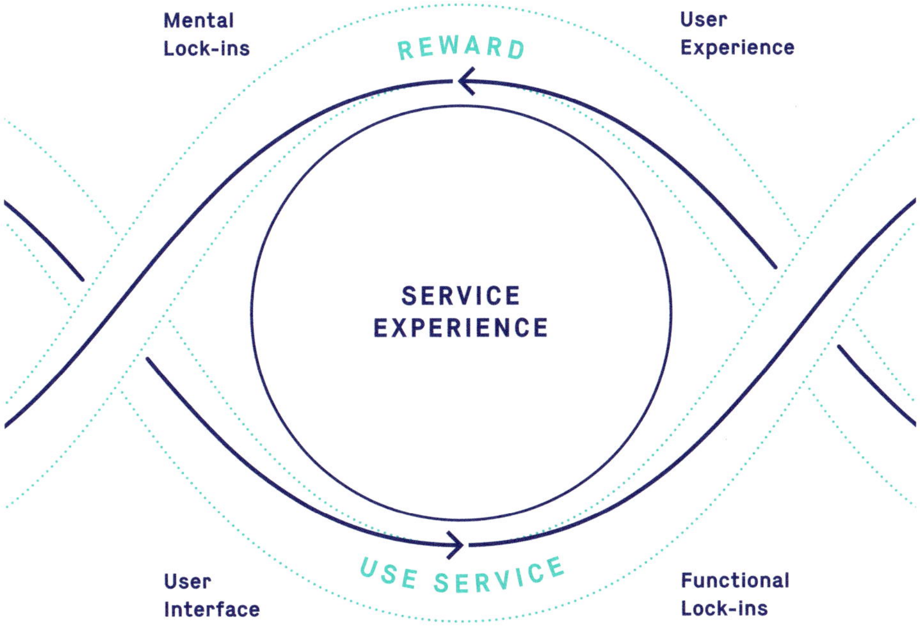

Mental Lock-ins

REWARD

User Experience

SERVICE EXPERIENCE

User Interface

USE SERVICE

Functional Lock-ins

2

Use Service
Eroberung der Nutzerschnittstelle

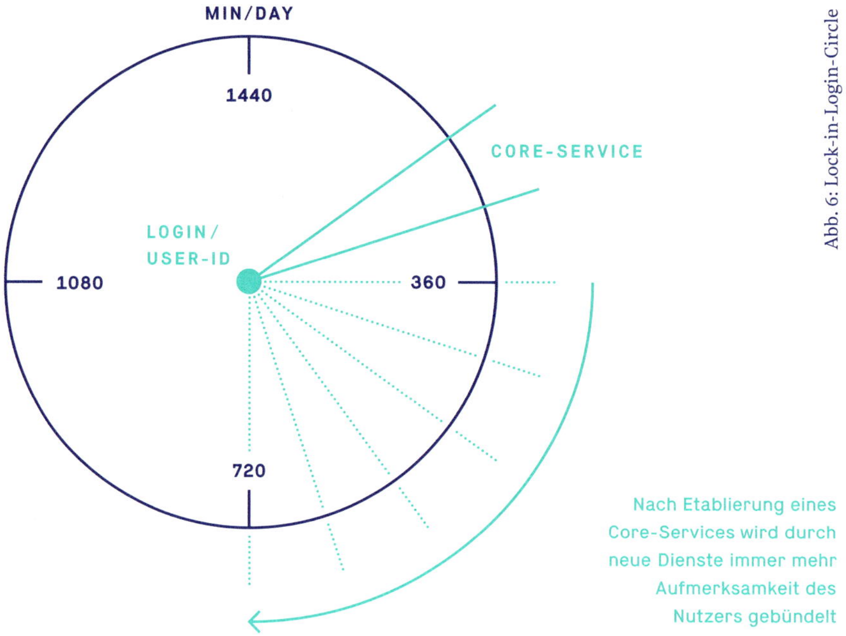

Abb. 6: Lock-in-Login-Circle

Nach Etablierung eines Core-Services wird durch neue Dienste immer mehr Aufmerksamkeit des Nutzers gebündelt

nachhaltigen Beziehung zwischen Nutzer und Produkt. Das klingt banal, ist aber trotzdem nicht selbstverständlich. Gegenbeispiele gibt es viele. Hängt die Beziehung zum Netzanbieter an der Rufnummer oder an der E-Mail-Adresse? Und wie ist es beim Stromlieferanten? Welches Versicherungsunternehmen bietet einen zentralen Login über alle Versicherungen hinweg als Basis für neue Dienste an? Sind die persönlichen Einstellungen im Auto (Sitzposition, Audioeinstellungen, Fahrmodus, Navigationsprofil) an einen personalisierten Login oder an den Fahrzeugschlüssel gebunden?

Am Login hängen nicht nur das persönliche Profil und die Nutzungshistorie. Das Nutzerkonto hat vor allen Dingen auch strategische Bedeutung. Es ist Ausgangspunkt für die Entwicklung von funktionalen und mentalen Einrastpunkten (Lock-ins). Nur so ist es möglich, ausgehend von Core-Services wie Suche (Google) oder Bücherbesorgung (Amazon), nach und nach einen immer größeren Teil der Aufmerksamkeit mit neuen Diensten zu besetzen (siehe Abb.). Der Login bereitet den Grund für funktionale Lock-ins, indem immer mehr digitale Dienste mit dem Nutzerkonto verbunden werden.

Bei Amazon zementiert sich dieser funktionale Lock-in etwa mit jedem neuen E-Book-Kauf. Die gesamte Kindle-Bibliothek hängt am Amazon-Nutzerkonto, und ohne Amazon-Account sind die elektronischen Bücher nicht mehr nutzbar – ein klassischer Lock-in. Ähnliches gilt für die meisten digitalen Medienbibliotheken, aber auch für E-Mail (Gmail), Apps (App Store/Play Store), Playlists (Spotify) oder Kontakte (Facebook, LinkedIn, XING). Auch dort, wo es keinen harten technologischen Lock-in gibt, theoretisch also ein Anbieterwechsel ohne Datenverlust möglich wäre, sorgen häufig die Convenience und die Routine für einen robusten mentalen Lock-in: Dem Aufwand und der Unbequemlichkeit eines etwaigen Wechsels steht kein entsprechender Nutzengewinn gegenüber. Die Kindle-Bibliothek auf ein nicht zum Amazon-Universum gehörendes Lesegerät zu übertragen, mag zwar technisch möglich sein, soweit dem das Digital Rights Management (DRM) nicht entgegensteht. Der Prozess ist aber zu kompliziert und verspricht keine maßgebliche Verbesserung der User Experience. Deshalb wird der Nutzer in der Regel auf den Wechsel verzichten.

Insbesondere durch Abomodelle können starke Lock-ins entstehen. Wer monatlich für den Zugang zu Streamingdiensten wie Netflix oder Spotify zahlt, verliert mit der Kündigung nicht nur den künftigen Zugang zu Filmen oder Musik, sondern muss auch die Zahlungen der Vergangenheit mental abschreiben. Die → Sunk Cost Fallacy sorgt hier für ein mentales Festhalten am Produkt. Gleichzeitig ist mit dem Wechsel des Anbieters der Verlust des Nutzerprofils verbunden. Der Nutzer ist auch hier, wie wir bereits beim Konzept der S-DL gesehen haben, als Co-Creator aktiver Part der Wertschöpfung. Er hat, um im Beispiel zu bleiben, nicht nur explizite Playlists angelegt, sondern es dem Anbieter durch seine Nutzungshistorie auch implizit ermöglicht, mittels entsprechender Algorithmen sein künftiges Nutzungsverhalten immer besser zu antizipieren und über personalisierte Empfehlungen die Kundenbindung zu vertiefen. Bei einem neuen Service müsste der passionierte Nutzer wieder bei null beginnen und sich durch für ihn irrelevante Mainstream-Charts quälen.

Die Abomodell-Logik von digitalen Produkten unterscheidet sich dennoch scharf von klassischen Subskriptionsmodellen, etwa der Mitgliedschaft in einem Fitnessstudio. Hier zahlen die besten Kunden jeden Monat pünktlich ihren Beitrag, ohne jemals zum Training zu erscheinen. Oder Versicherungen: Die besten Kunden zahlen regelmäßig, ohne jemals Leistungen in Anspruch zu nehmen.

Der mentale Lock-in solcher Geschäftsmodelle entspricht dem Ablasshandel, wie ihn der Dominikanermönch Johannes Tetzel einst perfektionierte und der Martin Luther zur Reformation veranlasste. Gezahlt wird heute, die Gegenleistung gibt es erst im Jenseits – oder nie, je nachdem. Bei digitalen Gütern liegen, wie wir bereits gesehen haben, die Grenzkosten nahezu bei null. Der Anbieter schöpft daher bei Nutzung seines Produkts Wert, da die Produktnutzungskosten marginal sind und der Erlösstrom durch die Nutzung verstetigt wird.

Es gibt aber noch weitere mentale Lock-ins. Zum Beispiel „fire and forget". Der Schwarzgurtträger in dieser Kategorie ist ohne Zweifel Amazon. Jeff Bezos erzieht seine Kunden sehr erfolgreich, Bestellungen als unbewusste Routine abzufeuern – und das am liebsten auf einem Amazon-Gerät. Der Hook ist hier das Kundenbindungsprogramm Prime, das eine kostenfreie Zustellung mit extrem hoher Zuverlässigkeit in kürzester Zeit garantiert. Prime ist so beliebt, dass mittlerweile über 17 Millionen Nutzer in Deutschland rund 5 Euro monatlich für die Teilnahme zahlen. Mit Amazon Go geht Bezos sogar noch einen Schritt weiter: Selbst der letzte Klick entfällt, der Kunde nimmt seine Ware einfach aus dem Regal. Wie bei Uber erkennen Sensoren nebenläufig, was passiert, und rechnen den Einkauf im Hintergrund ab.

Die Nutzererfahrung mit Prime erzeugt einen starken mentalen Trigger, der die wesentlichen Nachteile des Versandhandels praktisch eliminiert: Lieferzeit, Zustellverbindlichkeit und Lieferkosten. Durch die taggleiche Zustellung treibt Bezos den Marktstandard immer weiter. Der auslösende Reiz ist der 1-Click-Bestellknopf, den sich Amazon bereits 1999 patentieren und als Marke eintragen ließ. Diese ist eine jener genial einfachen Ideen, bei denen man sich fragt, warum niemand vorher darauf gekommen ist. 1-Click verankert Themen wie Vertrauen, Sicherheit, Verlässlichkeit, Erledigung und Schnelligkeit direkt im User Interface und damit tief in der Interaktion mit dem Nutzer. Besser lässt sich das Nutzenversprechen von Amazon kaum kommunizieren als mit diesem simplen Button auf jeder Produktdetailseite.

Amazon Dash ist nur die konsequente Übersetzung des mentalen in einen funktionalen Lock-in und in den physischen Raum. Wenn die schnelle und verlässliche Besorgung via Amazon erst einmal im Kopf eingerastet ist, dann kann diese Mechanik flächendeckend über mehr und mehr Sortimente ausgerollt und mit solchen Use Cases verbunden werden, die heute noch eher fern der digitalen Welt liegen. So ist es nur eine Frage der Zeit, bis Wasch- oder Kaffeemaschinen gleich ab Werk mit fest eingebauten Dash-Knöpfen geliefert werden.

USER INTERFACE

Unter User Interface verstehen wir die Mensch-Maschine-Schnittstelle. Das Interface kann neben den heute vertrauten Ausprägungen wie Webanwendung oder mobile App noch viele andere Formen der Interaktion zwischen Nutzer und System annehmen. So stand in der Prä-PC-Ära noch die Kommandozeile zwischen Mensch und Maschine. Heute verstehen wir als User Interface meistens eine grafische Benutzerschnittstelle. Dieses Konzept wurde Anfang der 1980er-Jahre erstmals von einer Gruppe von Informatikern präsentiert, die in den Labs von Xerox PARC an innovativen Konzepten für den Fotokopierkonzern arbeiteten. Ihre Entwicklung – der Xerox Star – führte erstmals eine grafische Benutzeroberfläche mit Fenstern und Mausbedienung ein. Xerox verfolgte diese Ansätze selbst nicht weiter, da das Unternehmen eine Kannibalisierung seines Kerngeschäfts fürchtete. Bill Gates und Steve Jobs zogen aus diesem Jahrhundertgeschenk ihre Produktikonen Windows und Macintosh.

Der Fortschrittsvektor in der Entwicklung von User Interfaces ist seit diesem „Xerox-Moment" auf die stete Vereinfachung der Computernutzung gerichtet. Die Komplexität der Maschine wird durch immer neue Schichten verborgen, die Technologie nahbarer machen: vom Lochstreifen über das Terminal, Fenster und Maus bis Touchscreen, Gesten- und Spracherkennung. Schließlich wird das Interface zu einer unsichtbaren Hülle, in der sich der Nutzer bewegt. Alles wird casual.

„As far as the customer is concerned, the interface is the product." Dieser Satz stammt von Jef Raskin, einem der Pioniere der Interaktion von Mensch und Maschine, der bei Apple an der Entwicklung des Macintosh beteiligt war. Er vermittelt eine wichtige Einsicht: Dem Nutzer ist es egal, was sich hinter der Oberfläche, hinter dem Interface, befindet, solange das Produkt macht, was es soll. Der Wettbewerb der Spezifikationen ist aus Sicht der meisten Nutzer völlig irrelevant geworden.

In der ersten Welle des Personal Computers konnten sich Nutzer noch für die technischen Leistungswerte der frühen PCs begeistern. Wer vergleicht heute noch leidenschaftlich die Specs von iPhones und Android Phones? Smartphones definieren sich inzwischen kaum noch durch die Hardware, sondern durch das Nutzer-, Nutzen- und Nutzungserlebnis – durch den Service. Das User Interface ist dafür von zentraler Bedeutung.

Transformationale Produkte integrieren sich mit ihren Diensten widerstandsfrei in den Alltag der Nutzer. Sie stören nicht, sondern unterstützen im richtigen Moment fließend. In den webzentrierten Jahren besuchten Nutzer noch die Website eines Anbieters, um einen Task zu erledigen. In der vom Smartphone dominierten Gegenwart erscheint der Service im Idealfall bei Bedarf konvenient im digitalen Aufmerksamkeitsstrom des Nutzers. Das User Interface von Transformationalen Produkten wird nicht mehr durch schön gestaltete Seiten geprägt. Die Aufgabe besteht vielmehr darin, ein Designsystem aus ineinandergreifenden Interaktionskomponenten zu entwerfen. Es geht weniger um Farbe, Typografie, Raster und Bildwelten. Es geht um systemische Gestaltung, wie sie etwa durch das → Atomic Design ermöglicht wird: User Interfaces müssen von 1,5 Zoll am Handgelenk bis 80 Zoll im Wohnzimmer funktionieren.

Uber und Amazon Go sind Vorboten für die kommenden UI-Ausprägungen. Bei beiden Modellen erfolgen die Nutzung und die Abrechnung nebenläufig, ohne Interaktion mit dem Nutzer. Das beste Interface kann aus Nutzerperspektive auch gar kein Interface sein. Der Anspruch ist es, die bisherigen Regeln der Produktkategorie zu brechen, um die Routinen der Nutzer zu verändern.

USER EXPERIENCE

"You've got to start with the customer experience and work backwards to the technology."

– Steve Jobs

Das Zitat von Steve Jobs bringt eines der wesentlichen Erfolgsgeheimnisse von Apple auf den Punkt. Der Fokus der Produktentwicklung muss beim Nutzer beginnen und das Nutzererlebnis in den Vordergrund stellen. Tatsächlich kann man die Entstehung des Begriffs User Experience auf Apple selbst zurückverfolgen. Das Unternehmen entwickelte in den 1980er-Jahren die Konzepte von Xerox weiter, und so entstanden parallel zur Hardware-Entwicklung die „Macintosh Human Interface Guidelines", die eine ganze Generation von Designern hinsichtlich der Gestaltung von User Interfaces prägten. Don Norman, der ebenfalls bei Apple arbeitete, erkannte jedoch, dass die reine Fokussierung auf grafische Interfaces nicht genügen würde, und lieferte Anfang der 1990er-Jahre erstmals eine Beschreibung für ein weitergehendes Konzept:

> „Ich erfand den Ausdruck (User Experience), weil ich glaubte, dass Human Interfaces und Usability zu eng gefasst waren: Mir geht es um alle Aspekte, die ein Mensch mit einem System erlebt, inklusive Industriedesign, Grafik, Interface, der physischen Interaktion und des Handbuchs."

Die Entwicklung der User Experience beginnt bei einem konkreten Nutzerbedürfnis. Dieses Bedürfnis wird von den Nutzern jedoch in den seltensten Fällen explizit artikuliert. Es muss aufgedeckt und in ein verteiltes System von Interaktionen zwischen Produkt und Nutzer übersetzt werden. Eine gute User Experience zeichnet sich durch die Dimensionen →Utility, →Usability und

→ Desirability aus, wobei ohne Utility und Usability keine Desirability kreiert werden kann (und auch nicht sollte).

- **Utility.** Das Produkt muss ein vorhandenes, relevantes, wiederkehrendes Problem des Nutzers lösen bzw. ein Bedürfnis befriedigen – und dies deutlich besser (10x besser, einfacher, günstiger, freudvoller) als alles, was dem Nutzer bisher für diese Aktion zur Verfügung stand. Ist dies nicht gegeben, sollte an dieser Stelle neu überlegt werden.

- **Usability.** Der Nutzer muss eindeutig und ohne Erklärung verstehen, wie er das Produkt benutzen kann, um zum Ziel zu kommen. Treffen wir den Kernnutzen, und ist dieser kinderleicht zu erreichen? Dies ist selbstverständlich abhängig von der jeweiligen Zielgruppe und dem zu antizipierenden Vorwissen. Grundsätzlich gilt: Wenn der Nutzer nicht versteht, was er machen muss, hat das Produkt sein Ziel verfehlt und wird, selbst bei hoher Utility, nur bei einem sehr hohen Leidensdruck vom Nutzer (mangels Alternativen) eingesetzt werden.

- **Desirability.** Ist ein Service nützlich und verständlich, sollte seine Nutzung auch Freude bereiten. Andernfalls wird die Nutzung nicht nachhaltig sein. Je besser sich die User Experience anfühlt und sich der Flow durch das Produkt darstellt, desto eher wird der Nutzer das Produkt erneut verwenden. In den Bereich der Desirability gehören die Ästhetik, die Belohnungssysteme, der Grad der persönlichen Ansprache, das Storytelling, aber vor allem das Product Feeling.

Wichtig ist, bei der Entwicklung der User Experience die Aufmerksamkeit immer auf die Qualität der einzelnen Interaktion zu richten und nicht – wie es bei der Methode des → Customer Journey Mapping schnell passieren kann – auf die analytische Betrachtung potenzieller Navigationsrouten über die digitalen Touchpoints. Letztere führt zu einer quantitativen Explosion möglicher Nutzungsszenarien, deren Analyse in hohem Maße Ressourcen kostet und die Produktqualität selten verbessert. Wie in Platons Höhlengleichnis kann die Beschäftigung mit den Permutationen möglicher Customer Journeys schnell zur Schattenwissenschaft verkommen. Bei der Entwicklung Transformationaler Produkte muss der Fokus immer auf dem konkreten Produkterlebnis liegen.

Rein funktionale Aspekte reichen nicht, um eine Verhaltensänderung bei den Nutzern zu bewirken. Genauso bedeutsam ist das emotionale Produkterlebnis, das das Leben des Nutzers bereichert.

Die zuvor beschriebenen Eckpfeiler – Personalisierung und ein konsistentes Designsystem – sind wichtig für eine nahtlose und übergreifende User Experience. Generell gilt: Nutzen vor Ästhetik. Die User Experience von Amazon beispielsweise besteht aus zwei wesentlichen Elementen. Erstens: Der Konsument findet dort jedes Produkt dieser Welt mit einem Barcode, und was er dort nicht findet, gibt es vermutlich auch nicht. (Das ist nicht ganz richtig, aber so ist die allgemeine Wahrnehmung.) Und zweitens: Wer heute bei Amazon bestellt, wird spätestens am nächsten Tag beliefert, manchmal auch schon am gleichen Abend oder in der nächsten Stunde. Auch der DHL- oder Prime-Now-Bote, der das Produkt ausliefert, gehört zur User Experience.

Bei realen Produkten sind die Attribute der Lock-ins sowie UI oder UX nur selten gleichmäßig stark ausgeprägt. Die folgende kleine Tabelle mit Amazon-Produkten und -Features soll den Unterschied illustrieren.

	UI-driven	**UX-driven**
Functional Lock-in	Amazon Dash	Amazon Kindle
Mental Lock-In	1-Click-Check-out	Same-Day-Delivery

SERVICE CO-CREATION – die Transformation der Wertschöpfung

Die Theorie der Service-Dominanten Logik beschreibt auch Güterproduzenten als Dienstleistungsunternehmen. In diesem Sinne liegt beispielsweise die Wertschöpfung eines Automobilherstellers im Wesentlichen in der Orchestrierung komplexer Dienstleistungsbündel: Nicht das Werk, sondern die Organisation der Gewerke schafft Wert. Durch die Digitalisierung wird die Nutzbarkeit eines Produkts wichtiger als sein Besitz: Die Mobilität wird wichtiger als der Motor, das Produkt wird zum Service. Und als Service unterliegen Produkte den Gesetzen der Digitalisierung: Sie können sehr viel günstiger und schneller iteriert werden als die Welt der Atome. Der digitale Serviceanteil eines Produkts wird also viel schneller viel besser und generiert damit auch schneller Wert als die nicht digitalen Aspekte des Produkts. Die Produktentwicklung kippt immer stärker in Richtung Software.

Auf der Ebene der **SERVICE CO-CREATION** schließlich verschmelzen die Wertschöpfungsbeiträge. Der Transmissionsriemen, der Nutzer und Unternehmen verbindet, ist der **EXPERIENCE LOOP**. Er treibt nur an, wenn für den Nutzer ein relevanter Wert entsteht und gleichzeitig für das Produkt ein tragfähiges Geschäftsmodell existiert, das skaliert werden kann.

Das Co-Creation-Modell prägt auch die Strukturen, mit denen später die organisatorischen Voraussetzungen für eine erfolgreiche Skalierung erreicht

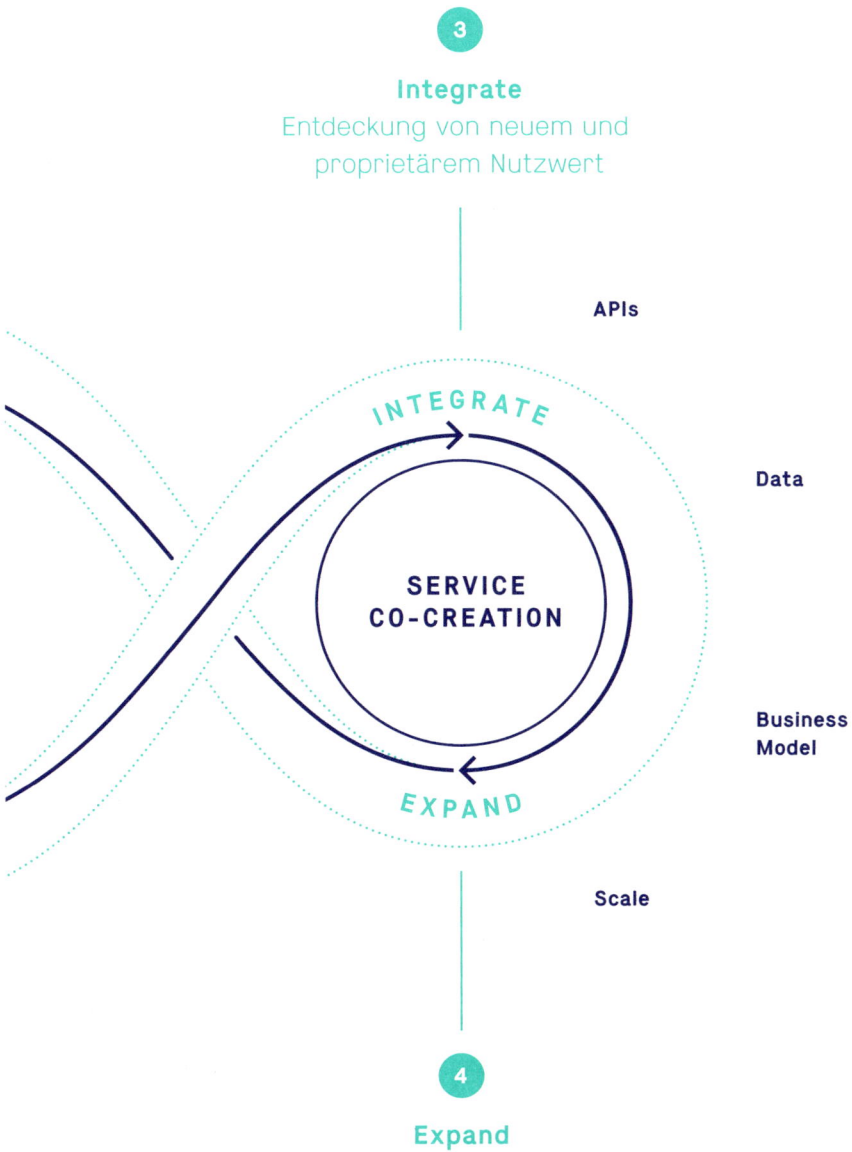

werden können. Die organisatorische Transformation erfolgt indes immer nachgelagert. Erst verändert sich durch Transformationale Produkte das Nutzerverhalten, dann der Markt und schließlich das Unternehmen. Letzteres transformiert sich am Ende des Prozesses, nicht am Anfang.

BUSINESS MODEL

Der **EXPERIENCE LOOP** Transformationaler Produkte folgt einem einfachen Algorithmus:

1. Niedrigschwellige Nutzung
   (SERVICE DIFFUSION)
2. Eroberung der Nutzerschnittstelle
   (SERVICE EXPERIENCE)
3. Integration von unternehmenseigenen und Drittservices
   (SERVICE CO-CREATION)
4. Kreierung von proprietärem und neuem bzw. neu entdecktem Nutzwert
   (SERVICE CO-CREATION)
5. Bindung der Nutzer über funktionale und mentale Lock-ins
   (SERVICE EXPERIENCE)
6. Effiziente Vermarktung
   (SERVICE DIFFUSION)
7. Goto 1

Mit diesem Programm lassen sich grundsätzlich drei Geschäftsmodelle ausprägen:

Enrich & Defend

Hier steht die Absicherung des bisherigen Geschäftsmodells im Vordergrund. Die bestehenden Produkte und Assets eines Unternehmens werden um einen digitalen Service Layer ergänzt, der in der transformationalen Produktlogik die Aufgabe besitzt, Zugänglichkeit, Produkterlebnis, Kundennutzen, Diffusionskraft und Kundenbindung zu erhöhen. Ziel ist es nicht, neue Monetarisierungsquellen zu erschließen, sondern die bestehenden zu verteidigen. Da

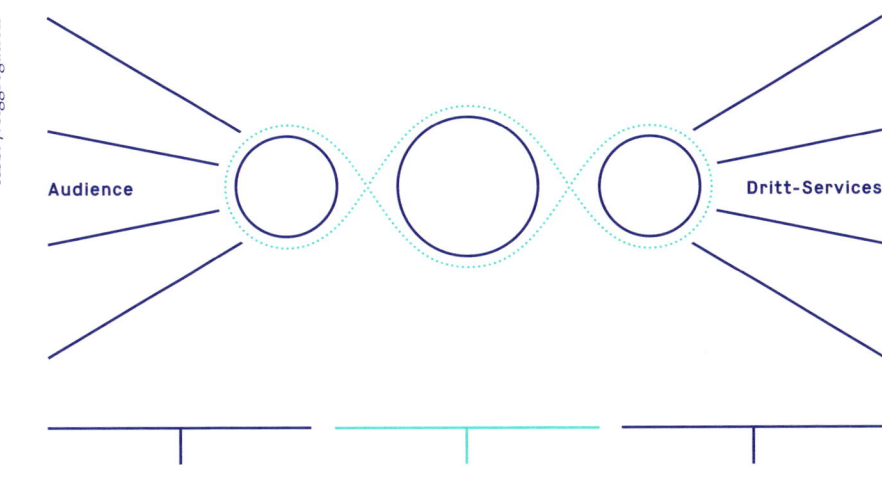

Abb. 7: Aggregation

der neue Service Layer zu einem Teil den tradierten Marketing Layer ersetzt, kann diese Transformation oft auch budgetneutral gestaltet werden. Denn mit den neu aufgebauten digitalen Diensten entsteht ein direkter, proprietärer Kanal zu den Kunden, sodass sich neben einer stärkeren Kundenbindung auch Kostenvorteile ergeben.

Transformationale Produkte können damit das Kerngeschäft des Unternehmens schützen und sogar hebeln. Mindestens aber verlangsamen sie das Versiegen des alten Umsatzstroms. Die Rückkopplung zu den bestehenden Erlösmodellen und den bestehenden Assets wie Marke, Reichweite, Vertriebskanäle und Kompetenzen ist daher zwingend.

Aus Nutzersicht bildet das Transformationale Produkt eine digitale Serviceschicht um ein etabliertes Produkt. Dieses wird dadurch zunächst modernisiert und auf die Höhe der Nutzererwartung gehoben, die von den digitalen Champions geprägt wird. Im optimalen Fall sichert die Serviceschicht langfristig die Kundenschnittstelle und bildet quasi eine Firewall um das Produkt.

Beispiel: die „smarte" Online-Banking-App einer Großbank, die Einzelbuchungen über eine datenbasierte Analytik zuordnen kann, ein autonomes

Haushaltsbuch führt und dem Nutzer durch Echtzeitfähigkeit Transparenz und Sicherheit bezüglich seiner Kontobewegungen vermittelt.

Create & Compose

In diesem Modell geht es um die Kreierung eines neuen Nutzens, häufig durch ausschließliche Integration von Drittangeboten. Die Kontrolle über die Nutzerschnittstelle ist der Schlüssel, um die Angebote nachgelagerter Dritter von ihrer Kundenbeziehung abzuschneiden und damit zu kommodifizieren. Parallel zur Skalierung findet eine Abschöpfung der Margen aus den integrierten Angeboten statt.

Mit der Digitalisierung nehmen die direkten Erlösströme tendenziell zugunsten der indirekten Erlösströme ab. Im Extremfall – etwa bei den Plattform-Produkten von Google oder Facebook – zahlt der Nutzer nichts. Andere Produkte setzen zur Markteinführung oder zum Onboarding Mechaniken wie Free-to-play und Pay-to-win aus dem Gaming-Bereich ein. Die erste Fahrt mit Uber bzw. der erste Monat bei Netflix ist kostenfrei. Freemium-Modelle – eine Wortschöpfung aus **Free** und Pre**mium** – generieren Erlöse mit Upgrades auf kostenpflichtige Services.

Mix & Milk

Die beiden oberen Modelle lassen sich auch erfolgreich kombinieren. Apple sichert beispielsweise seine eigenen Produkte mit einer robusten Diensteschicht ab (Apple-ID, iCloud). Gleichzeitig werden kontinuierlich darauf aufbauende neue Angebote integriert (iTunes, App Store, Apple Pay), deren Erträge mittlerweile deutlich dynamischer wachsen als die aus dem Stammgeschäft. Hybride Modelle aus Absicherung und Wachstum müssen für etablierte Unternehmen das Zielbild sein, um die Erträge aus dem Bestandsgeschäft mittelfristig zu verteidigen und neue Entwicklungsfelder zu erschließen. Doch das ist leichter gesagt als getan. Die zweigleisige Strecke ist für etablierte Unternehmen immer ein Rennen gegen die Zeit sowie gegen die Latenz der Altsysteme und -prozesse. Die digitalen Champions arbeiten mit hohem Tempo daran, die Bestandsprodukte in so gut wie allen Industrien zu kommodifizieren.

Hier liefert der Handel eine eindringliche Blaupause. Als Besorgungsdienstleister ist Amazon nicht auf eine Handelsmarge angewiesen. Die sprudelnden Erlöse aus Prime, Marketplace-Provisionen und eigenen Cloud-Services (AWS) ermöglichen Jeff Bezos, jährlich Milliarden in eine immer leistungsfähigere Infrastruktur zu investieren: So verbessert er Schritt für Schritt das Nutzererlebnis auf eine Weise, die unerreichbar für seine Wettbewerber wird. Letztere verfolgen oftmals im Rahmen von Omnichannel-Initiativen noch ein „Enrich & Defend"-Modell, das aber infolge der bereits eingetretenen Margenerosion durch Besorgungsplattformen wie Amazon und Zalando immer weniger ein schützenswertes Geschäftsmodell darstellt und durch Omnichannel-Initiativen nur noch mit zusätzlicher Prozesskomplexität und Kosten belastet wird.

SCALE

"Nothing scales as well as a software business, and nothing creates a moat for that business more effectively than network effects."

— *Tren Griffin, Two Powerful Mental Models (2016)*

Transformationale Produkte müssen skalieren, um signifikante Umsatz- und Ergebnisbeiträge zu liefern. Ein funktionierendes Geschäftsmodell zu finden ist das eine. Es erfolgreich zu skalieren ist eine zweite Herausforderung. Transformationale Produkte haben prinzipiell den Vorteil, dass sich ihre Skalierbarkeit mit verhältnismäßig geringem Aufwand an Zeit und Geld testen lässt.

Positive Skaleneffekte sind die ökonomische Basis für die moderne Massenproduktion und als solche gut verstanden. Ihre Theorie geht zurück auf Adam Smith und besagt, dass es für jedes Produkt ein Optimum gibt, bei dem sich die Fixkosten auf eine möglichst große Anzahl an Produktionseinheiten verteilen, während die Grenzkosten für die Herstellung einer weiteren Einheit minimal sind. Bei physischen Produkten gilt in der Regel, dass jenseits dieses Optimums die Grenzkosten wieder steigen. Bei digitalen Produkten hingegen tendieren die Grenzkosten gegen null. Dies erlaubt nicht nur eine Beschleunigung der Skalierung, sondern schiebt auch deren Grenzen weit hinaus: Der adressierbare Markt ist dadurch sehr viel größer als bei physischen Produkten.

Positive Skaleneffekte gehören zu den Faktoren der Herausbildung von natürlichen Monopolen. Das klassische Beispiel dafür ist die öffentliche Versorgung (Verkehrswege, Telefon, Post, Energie und Wasser). Hohe Fixkosten für den Aufbau der Netze stehen vergleichsweise niedrigen Betriebskosten gegenüber. Ebenso verhält es sich mit Transformationalen Produkten: Auf hohe Kosten für die (Software-)Entwicklung folgen lediglich vernachlässigbar geringe Grenzkosten für den Betrieb in der Cloud. Für Netze gelten zudem Netzwerkeffekte, die in die gleiche Richtung wie Skaleneffekte wirken.

Transformationale Produkte haben sowohl angebotsseitig als auch nachfrageseitig positive Skaleneffekte. Während diese auf der Angebotsseite durch sinkende Grenzkosten entstehen, sind auf der Nachfrageseite in erster Linie Netzwerkeffekte die Ursache. Positive Skaleneffekte werden auch als positives Feedback bezeichnet. Metcalfe's Law besagt, dass der Wert eines Netzwerkes mit dem Quadrat der Anzahl seiner Nutzer wächst. Lange Zeit galt Metcalfe's Law nur als eine Art Faustregel, bis schließlich auf Basis empirischer Daten von Facebook und Tencent (WeChat) ein Beweis dafür gelang.

Positives Feedback führt zur Stärkung der Starken und zur Schwächung der Schwachen. Im Extremfall, wenn die Netzwerkeffekte stark genug sind, kann das Resultat ein Winner-Takes-All-Markt sein, in dem ein einzelnes Unternehmen oder eine alleinige Technologie alle anderen verdrängt. In ihren jeweiligen Kernmärkten sind die GAFA Beispiele dafür. Selbst Apple hat als Hybrid zwischen Hardware- und Software-Unternehmen zu Spitzenzeiten mehr als 100 Prozent des gesamten Profits im Smartphone-Markt auf sich vereinigt – die Summe der Geschäftsergebnisse aller Wettbewerber war negativ.

Signifikante Umsatz- und Ergebnisbeiträge werden jedenfalls nur jene Produkte liefern können, die eine entsprechende Skalierung erreichen. Auch bestehende Geschäftsmodelle lassen sich nur dadurch absichern, dass die digitale Serviceschicht skaliert. Ist die Skalierung erreicht, können über APIs weitere Wertschöpfungspartner angebunden und der Wachstumspfad kann so verlängert werden. Auf diese Weise ist es möglich, dass ein Transformationales Produkt zu einer Plattform wird, auf der Angebot und Nachfrage von Dritten zusammentreffen. In dieser Phase werden Daten zum entscheidenden Erfolgsfaktor, weil sie für den Nutzer Relevanz schaffen, indem sie aus der Angebotsvielfalt nutzenstiftende Inhalte, Güter oder Dienstleistungen herausfiltern und so das Angebot personalisieren.

APIs

"A 'platform' is a system that can be programmed and therefore customized by outside developers—users—and in that way, adapted to countless needs and niches that the platform's original developers could not have possibly contemplated, much less had time to accommodate."

– Marc Andreessen, The three kinds of platforms you meet on the Internet (2007)

Die gemeinsame Wertschöpfung – die Co-Creation – umfasst nicht nur Nutzer und Unternehmen. Transformationale Produkte müssen so entwickelt werden, dass sie von außenstehenden Entwicklern angepasst werden können und so auch unzählige Bedürfnisse und Nischen abdecken, die ursprünglich nicht im Fokus der Produktgestaltung gestanden haben. Durch die Abdeckung neuer Use Cases und die Vernetzung mit anderen Plattformen entsteht für die Nutzer zusätzlicher Wert. Um das Ziel der Erweiterbarkeit zu erreichen, müssen Transformationale Produkte über APIs zugänglich gemacht werden.

Eine API ist, unabhängig von einer konkreten technischen Implementierung betrachtet, zunächst lediglich eine Schnittstelle. In der Kommunikationstheorie sind Schnittstellen definiert als Punkte der Interaktion zwischen mehreren Systemen. Transformationale Produkte sind nicht nur ein Bündel von Diensten, sondern auch von Systemen. Aber nicht nur technische Systeme, sondern auch Organisationen haben APIs – und beide sind miteinander verschränkt. Dies trifft besonders dann zu, wenn APIs in großen Unternehmen betrachtet werden, die Workflows über ihre Ressourcen hinweg ermöglichen und den Zugriff auf diese organisatorischen Ressourcen (Daten oder Dienste) harmonisieren.

Nicht nur Transformationale Produkte benötigen gut gestaltete APIs, auch für die internen APIs von Organisationen ist ein klares Design wichtig. Laut Gall's Law hat sich jedes funktionierende komplexe System immer aus einem einfachen, funktionierenden System entwickelt. Ein komplexes System, das von Grund auf neu entworfen wird, funktioniert selten und kann kaum repariert werden. Man muss mit einem funktionierenden einfachen System beginnen. Deshalb ist es außerordentlich schwierig, Transformationale Produkte mit leistungsfähigen APIs innerhalb der Beschränkungen der Legacy-Systeme einer bestehenden Organisation zu entwickeln. Oft scheitert das Vorhaben bereits bei auf den ersten Blick banalen Diensten wie einem zentralen Nutzer-Login für alle digitalen Produkte eines Unternehmens. Das Design sauberer technischer und organisatorischer APIs ist eine der zentralen Herausforderungen vieler Unternehmen im Bereich der Digitalisierung.

Herbert Simons Theorie der Zerlegbarkeit besagt, dass komplexe Systeme vereinfacht werden können, indem man sie in einzelne kleinere Teile mit klar definierten Schnittstellen für die Interaktion zerlegt. Ein API-zentrierter Fokus ist daher sowohl für den Aufbau der Organisation als auch für die technologische

Infrastruktur wichtig. Die Schnittstellen müssen daher immer zuerst designt werden, der Rest folgt daraus.

Es gibt interne und externe Perspektiven, die bei der Entwicklung von APIs berücksichtigt werden müssen.

① **Private APIs.** Der private Bereich bezieht sich auf die Nutzung eines Integrationsansatzes innerhalb der Grenzen einer Organisation. Die verschiedenen Unternehmenseinheiten einer Domäne können diese Schnittstellen benötigen, um auf die Infrastruktur des Produkts zuzugreifen. Amazon ist ein hervorragendes Beispiel hierfür. Das Unternehmen entschied früh, dass jeder interne Service durch eine API repräsentiert werden musste. So schuf Jeff Bezos mit der Zeit eine extrem leistungsfähige interne Plattform-Infrastruktur. Jede Geschäftseinheit kommuniziert mit anderen über diese Plattform. Durch sie besteht ein Netzwerk von Geschäftseinheiten, die ständig miteinander verbunden sind und untereinander zusammenarbeiten, integriert durch den steten Fluss von Daten. Die Schnittstellen waren so leistungsfähig, dass sie später die Basis der AWS wurden und Amazon an die Position des größten Cloud-Anbieters der Welt katapultierten.

② **Partner APIs.** Der kuratierte Partnerbereich bezieht sich auf APIs, die über die Organisation hinaus geöffnet sind, dies jedoch nur für ausgewählte, kuratierte Partner.

③ **Public APIs.** Der Open-Access-Bereich bezieht sich auf öffentliche APIs, die für jedermann zugänglich sind. Diese funktionieren typischerweise im Selfservice und sind offen für externe Entwickler-Communitys (Plug-and-play).

Der offensichtliche Unterschied zwischen diesen drei Bereichen liegt im Zugang. Unabhängig vom Anwendungsbereich ergeben sich fünf typische Anwendungsfälle für Plattformen, die über APIs zugänglich gemacht werden:

- Aktivierung mobiler Kanäle und IoT
- Herausbildung eines Ökosystems

- Steigerung der Diffusionskraft
- Erschließung neuer Geschäftsmodelle
- Forcierung von Innovationen

In allen Fällen kreieren die APIs als unsichtbare Enabler für die Nutzer zusätzlichen Wert.

DATA

„Data Love" war 2011 das Motto der NEXT Conference, mit der wir der Debatte um Daten in Deutschland einen anderen Spin gaben. Hierzulande war die Daten-Diskussion bis dahin fast ausschließlich unter dem Gesichtspunkt des Datenschutzes geführt worden, und das Designparadigma der Datenschützer heißt Datenarmut. Doch für die Entwicklung Transformationaler Produkte brauchen wir ein entgegengesetztes Paradigma: Datenreichtum. Dabei werden die Daten nicht explizit vom Nutzer erfasst, sondern sie entstehen auch hier wieder implizit in Co-Creation mit den Nutzern bei der Verwendung der Produkte.

Daten sind der Schlüssel zu erfolgreichen digitalen Produkten. Sie sind die Basis für individualisierte Dienste, die abhängig von Zeit und Kontext einen relevanten Nutzen leisten. Die beiden Achsen Datentiefe und Datenbreite spannen vertikal und horizontal ein Koordinatensystem auf. Je weiter die eigene Datenstrategie im rechten oberen Bereich verortet ist, desto leichter können Produkte entwickelt werden, die sich fließend in den täglichen Aktivitätenstrom der Nutzer einklinken.

Die Abbildung 8 zeigt exemplarisch die Verortung unterschiedlicher Datenstrategien von digitalen Produkten. Google Maps liefert ein schönes Beispiel, um die Bedeutung vertikaler und horizontaler Daten für den Produktnutzen zu illustrieren.

Vertikal schöpft Google Maps Daten aus der Verschränkung mit dem persönlichen Google-Account, sodass die Nutzung über alle eigenen Devices (Desktop, Tablet, Smartphone) zu einem dichten Profil geknüpft wird. Insbesondere das Smartphone liefert durch das optionale Tracking extrem viele Datenpunkte ein. Im Ergebnis ist heute Google Maps hoch personalisiert, und jeder Nutzer sieht seine individuelle Karte. Der geografische Lebenskontext – der eigene Wohnort, die Arbeitsstelle, die Lieblingsrestaurants, häufige Wegstrecken und vieles mehr – ist auf der digitalen Karte hervorgehoben; persönlich fernere Kartenpunkte staffelt Google in den Hintergrund.

Horizontal verschaltet Google Maps die Nutzungsmuster von mehreren hundert Millionen Menschen. Insbesondere in Europa und den Amerikas besitzt Google Maps eine Datendichte, die nicht nur die statische Kartendarstellung personalisiert, sondern den Dienst vielmehr zu einer Interaktionsplattform transformiert. Google Maps kennt nicht nur die eigenen Lieblingswege, sondern berechnet auch für jedes Verkehrsmittel die optimalen Verbindungen und Strecken. Dabei verwendet Google die Echtzeit-Trackingdaten anderer Nutzer, die sich gerade auf der gleichen Strecke befinden, um die akkuratesten Empfehlungen und Zeitangaben zu liefern. Auch die Besuchsfrequenz von Attraktionen oder Geschäften an einzelnen Wochentagen und zu bestimmten Uhrzeiten zeigt Google Maps erstaunlich präzise an.

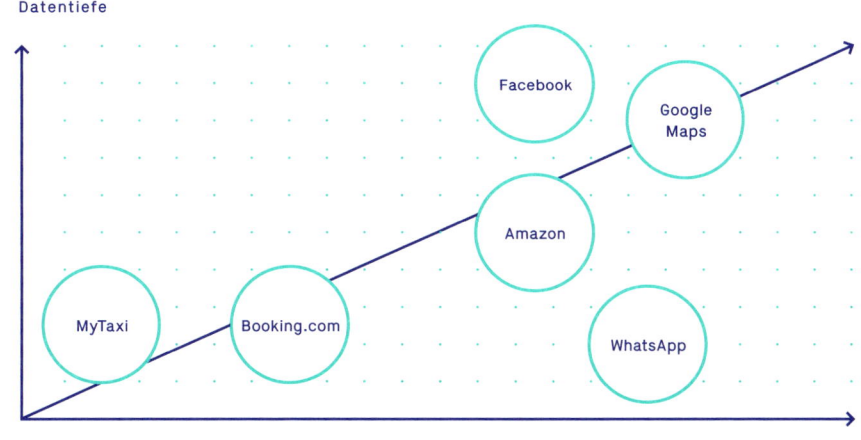

Abb. 8: Datentiefe vs. Datenbreite

An Google Maps lässt sich gut das Prinzip der Co-Creation beobachten. Nutzer verknüpfen den Kartendienst mit ihrem Google-Account und dem Smartphone-Tracking, um den Dienst noch bequemer und besser nutzen zu können. Gleichzeitig liefern sie Google durch die Produktnutzung laufend wertvolle Datenpunkte, die die Qualität des Dienstes massiv verbessern – ein Vorsprung, der für die Hersteller bisheriger Navigationsdienste kaum einholbar ist.

Das Prinzip des Datenreichtums ist aber noch aus einem anderen Grund sehr wichtig. Daten werden im Zeitalter der Artificial Intelligence das nächste große Schlachtfeld. Die heutigen AI-Systeme lernen aus großen Datenmengen in gestaffelten und rückgekoppelten neuronalen Netzen weitgehend selbstständig. Die Algorithmen des → Machine Learning werden von den digitalen Vorreitern Google, Apple, Facebook und Amazon sowie den Technologiekonzernen Microsoft und IBM mit Milliardenaufwand verbessert – und in großen Teilen als Open Source offengelegt. Hierdurch wollen die Anbieter möglichst viele Drittentwickler im Markt auf die eigenen Technologien einschwören und sich attraktiv im knappen Talentmarkt positionieren. Noch wichtiger: Als Lernmaterial brauchen die Algorithmen große Datenmengen, um akzeptable Ergebnisse zu erreichen. Auch hier haben die GAFA einen immensen Vorteil: Dank der riesigen Datenmengen können sie ihre vorhandenen Dienste für die Nutzer noch einmal wertvoller machen. Google Maps wird in Zukunft dafür gesorgt haben, dass das Taxi bereits auf uns wartet, noch bevor uns gewahr wird, dass wir den nächsten Termin bereits vergessen hatten.

Google hat von seinen Nutzern nicht explizit die Erlaubnis erhalten, seine Dienste derart zu personalisieren. Die Personalisierung ist das Ergebnis einer subtilen Verknüpfung einzelner in sich für den Nutzer nachvollziehbarer Schritte. Das personalisierte Nutzerkonto oder das ständige Tracking des Bewegungsprofils in unserem Beispiel sind nicht das Resultat einer Blankovollmacht, sondern hängen an bestimmten Komfort-Nuggets, von denen der Nutzer profitiert. Wenn konkurrierende Unternehmen es nicht schaffen, vergleichbare Nutzererlebnisse aufzubauen, dann ist die Wahrscheinlichkeit relativ hoch, dass deren Produkt sich am Markt nicht durchsetzt, weil es aus der persönlichen Sicht eines Nutzers nicht das bequemere Produkt ist. Das beste Produkterlebnis liefert in Zukunft derjenige, der die tiefsten und breitesten Daten besitzt.

SERVICE CO-CREATION – DATA

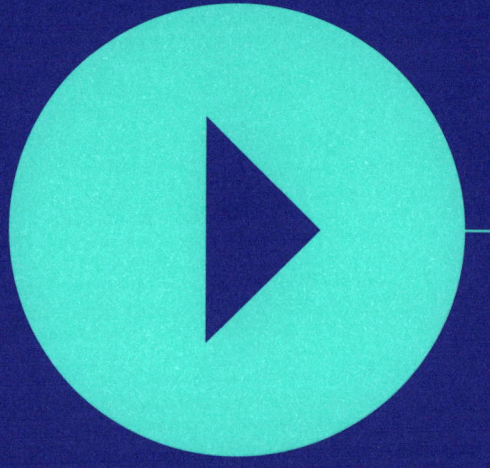

TEIL III

108 – 177

PLAYBOOK

110 – Building Blocks
114 – Product Team
126 – Product Creating
170 – Product Factory

 TEIL III – PLAYBOOK

Building Blocks

"Without a good process it's difficult to achieve a good result, but the resulting product itself is so much more important!"

– Michael Butlitsky, The World is a Product (2013)

Bei SinnerSchrader beschäftigen wir uns seit über zwei Jahrzehnten intensiv mit der Frage, wie erfolgreiche digitale Produkte entstehen. Dabei haben wir viel gelernt – vor allem, dass es keine Shortcuts gibt. Produktentwicklung ist jedes Mal wieder hart und im Ausgang, wie jede Innovation, ein Risiko.

Der zentrale Startpunkt für Produktinnovationen ist die Entdeckung eines neuen Kundennutzens. In Verbindung mit derzeit populären Methoden wie dem →Design Thinking – die bunten Post-its an den Wänden sind allgegenwärtig – führt dies in der Praxis allerdings häufig zu einer Übergewichtung der Ideation-Phase. Im Extremfall wird Produktentwicklung sogar als scheinbar zeitgemäßes Workshop-Format karikiert. So entstehen Ideen, die zwar einen echten Kundennutzen adressieren können und damit Charme besitzen, aber losgelöst von den Unternehmensrealitäten sind und keine Chance auf die Skalierung von Wertbeiträgen haben. Sie leisten keinen realen Beitrag zur Zukunftssicherung des Unternehmens.

Die Erfahrungen aus Hunderten von Engagements, sowohl für Start-ups als auch für DAX-Konzerne, haben wir zu einem Playbook für die Entwicklung Transformationaler Produkte verdichtet. Es ist nicht methodenzentriert, sondern stellt das Produkt ins Zentrum. Es ist uns wichtig, die Aspekte Diffusion,

Experience und Co-Creation gleichgewichtig zu bearbeiten. Durch den Einsatz der Product-Field-Methode stellen wir sicher, dass die jeweilige Legacy in den Unternehmen und der strategische Kontext der spezifischen Industrie bei der Produktentwicklung nicht ausgeblendet werden.

Die Bausteine für dieses Playbook sind:

① **Product Team.** Das Product Team ist der wichtigste Erfolgsfaktor. Hier geht es nicht nur um die interdisziplinäre Zusammenstellung von Einzeltalenten, sondern vielmehr um die Verschmelzung des Teams mit einer gemeinsamen Produktvision.

② **Product Creating.** Hier wird das Transformationale Produkt entdeckt, entwickelt und als produktiver Pilot für einen Markt oder eine hinreichend große Audience vermarktet und betrieben. Dabei trägt das Product Team die → End-to-End-Verantwortung, und auch der Methodeneinsatz – Product Field und Product Toolbox – liegt in seinen Händen.

— **Product Staging.** Der EXPERIENCE LOOP strukturiert Schritt für Schritt die Produktentwicklung und wird im Product-Creating-Prozess mehrmals iteriert.

— **Product Field.** Product Creating findet in Unternehmen nicht auf der grünen Wiese, sondern in einem konkreten Kontext aus Ressourcen, Markt und Innovationstreibern statt. Die Product-Field-Methode deckt diese Kräfte auf und validiert die vom Product Team entwickelten Ergebnisse.

— **Product Toolbox.** Hier stellen wir die hilfreichsten Werkzeuge für die Bereiche Research, Implementierung und Optimierung vor.

③ **Product Factory.** Erfolgreiche Transformationale Produkte müssen für den Unternehmenserfolg skaliert werden und wirken letztlich wieder auf die Organisation zurück. Für die Industrialisierung der Produkte ergeben sich damit konkrete Paradigmen für das künftige Organisationsdesign.

Wie diese Bausteine grundsätzlich zusammenwirken, zeigt Abbildung 9 auf der folgenden Doppelseite.

TEIL III – PLAYBOOK

 PRODUCT TEAM → → **PRODUCT FACTORY**

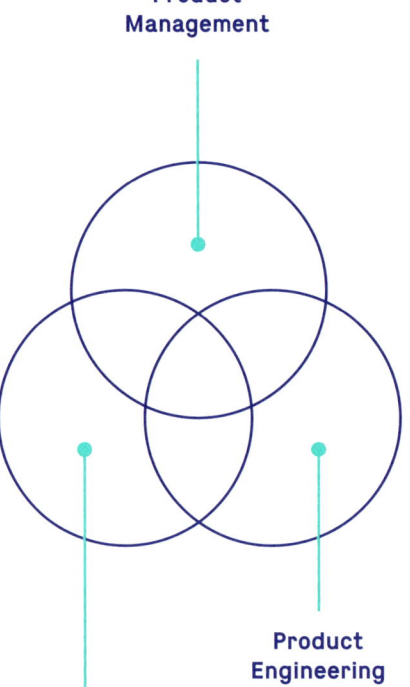

Product Management

Product Design

Product Engineering

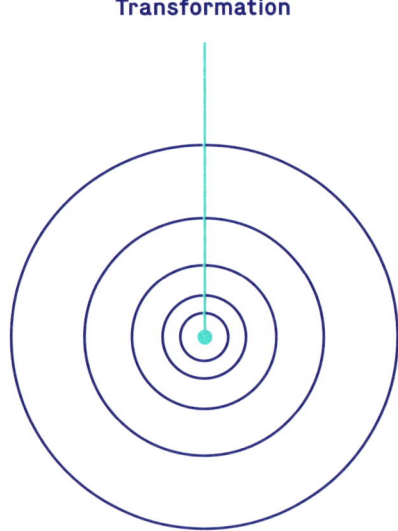

Company Transformation

Abb. 9: Playbook im Überblick

BUILDING BLOCKS

② PRODUCT CREATING

PRODUCT FIELD

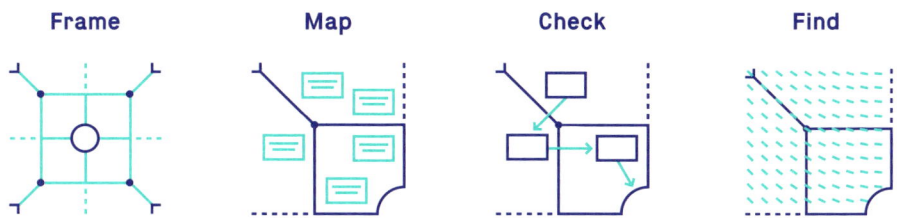

PRODUCT STAGING

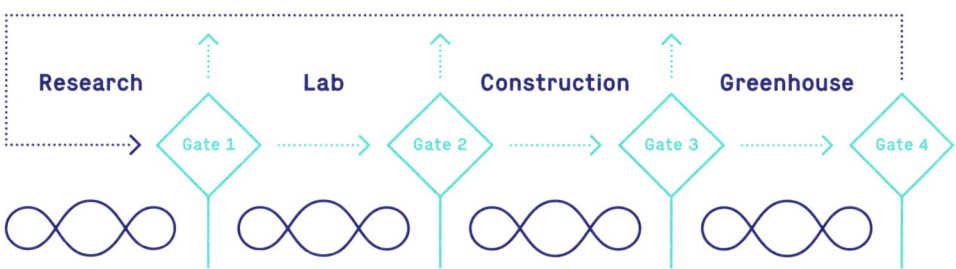

PRODUCT TOOLBOX

- Design Thinking
- Service Design
- Prototyping
- Design Sprint
- Agile Development
- Lean
- Testing
- Lean Analytics

 TEIL III – PLAYBOOK

Product Team

Das Product Team ist der kritischste Part bei der Entwicklung Transformationaler Produkte. Mit der falschen Besetzung braucht man gar nicht erst zu starten. Notwendig sind Produktmenschen. Das sind Menschen, die in Produkten denken – und nicht zuerst in Prozessen. Selbstverständlich beherrschen sie die Methoden und Werkzeuge der Produktentwicklung, von denen wir die wichtigsten in der Product Toolbox vorstellen werden. Sie wissen aber auch, dass Prozesse in der Praxis etwas Slack brauchen, also Spiel. Die Prozessregeln dürfen nicht zu strikt angewendet werden, sondern müssen sich dem Produkt unterordnen. Nicht der Prozess steht an erster Stelle, sondern das Produkt und dessen Nutzen. Deshalb steht es dem Product Team frei zu entscheiden, ob und auf welche Methoden aus der Product Toolbox es zugreifen will. Es sind eben nur Werkzeuge.

Das Denken in Produkten unterscheidet sich darüber hinaus grundlegend vom Denken in Projekten. Project Thinking setzt den Fokus auf (Projekt-)Prozesse, auf Timings und Ressourcen. Das Projektmanagement wird zur Schlüsseldisziplin. Projekte haben einen Endpunkt. Erfolgreiche Produkte hingegen überleben das Product Team. Wir werden am Ende dieses Kapitels sehen, wie der Übergang in die Gesamtorganisation gelingt.

Eine wesentliche Signatur von Product Teams ist ihre interdisziplinäre Zusammensetzung. Wir sprechen in diesem Zusammenhang auch von → Full-Stack Product Teams. Diesen Begriff haben wir von Chris Dixon von der Venture-Capital-Firma Andreessen Horowitz entlehnt, der einen neuen Typus von Gründerteams beschreibt:

"Full-stack founders care about every aspect of their product/service, so they need to get good at many different things besides software—hardware, design, consumer marketing, supply chain management, sales, partnerships, regulation, etc."

PRODUCT TEAM

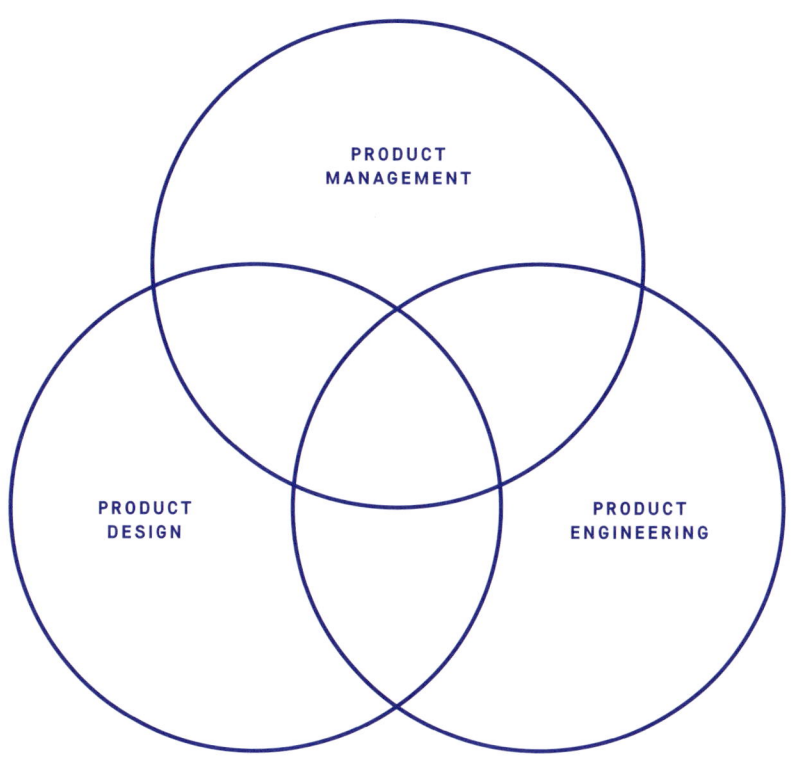

PRODUCT MANAGEMENT

- Business Strategists
- Data Analysts
- Product Manager

PRODUCT DESIGN

- Brand und Identity
- Business und Service
- Process und Architecture
- Interaction und Interface

PRODUCT ENGINEERING

- User Interface
- Mobile
- API Design
- Cloud Integration

Abb. 10: Product Team

Alle Mitglieder eines Product Teams, ob aus Management, Design oder Engineering, brauchen eine T-förmige Qualifikation. Das bedeutet, sie müssen eine oder mehrere fachliche Qualifikationen in expertenähnlicher Tiefe besitzen und gleichzeitig ein breites Generalistenwissen in den angrenzenden Fachgebieten, vor allem aber über die Grenze ihrer eigenen Disziplin hinaus, vorweisen können. Nur so sind ein gemeinsames Verständnis der Abhängigkeiten und ein Bedienen der jeweiligen fachlichen Schnittstellen für ein optimales Ergebnis im Sinne des Großen und Ganzen der Produktvision möglich. Und nur so ist klar, wie und wann welche Artefakte und Beiträge im Rahmen der Produktentwicklung geliefert werden müssen.

Wichtig ist, von Beginn an einen Bias in Richtung Ideation und Design zu vermeiden und möglichst robuste Produkte zu entwickeln, das heißt Aspekte wie Implementierung, Diffusion, Skalierung und Business Model gleichgewichtig zu bearbeiten. Die Nutzererwartungen an digitale Produkte wurden durch die führenden Plattformen in einem Maße hochgeschraubt, dass Produktschwächen aus einem unrunden Zusammenspiel von Product Management, Product Design und Product Engineering kaum zu heilen sind. Deshalb ist es auch notwendig, das Product Team nicht nur mit der Explorationsphase zu betrauen, sondern ihm vielmehr die End-to-End-Verantwortung vom Research bis zur nachgewiesenen Produktreife in einem definierten Markt zu übertragen.

Die produktivsten Arbeitsumgebungen sind nach unserer Erfahrung Studioumgebungen, wie sie sich in Start-ups oder Agenturen durchgesetzt haben. Hier können die Teams, weitgehend abgeschirmt von politischen Einflüssen und den Ablenkungen des Tagesgeschäfts, arbeiten. Der informelle Austausch in großen Studios mit parallelen Product Teams ist dabei extrem wertvoll. Im Folgenden beschreiben wir die wichtigsten Rollen innerhalb eines Product Teams.

PRODUCT MANAGEMENT

"I like my product managers to focus on the most miserable thing people have to deal with everyday. If you can solve that problem, that actually changes behavior, and that can lead to the truly big product wins."

– Jeff Bonforte, in: Marty Cagan, Inspired (2008)

Das Product Management hat seinen Ursprung im Konsumgütermarketing, speziell Procter & Gamble. Neil H. McElroy schrieb 1931 ein berühmt gewordenes Memo, in dem er die Rolle des „Brand Man" definierte. Dieser Marken-Mann, quasi der Prototyp des Product Managers, hat die absolute Verantwortung für eine Marke. Procter & Gamble entwickelte in der Folge eine markenzentrierte Struktur, wie sie insbesondere in der → FMCG-Industrie bis heute üblich ist. Später in seiner Karriere beriet McElroy zwei junge Unternehmer namens Bill Hewlett und David Packard. So hielt das Ethos des „Brand Man" Einzug in die soeben entstehende IT-Industrie.

Hewlett-Packard (HP) traf Entscheidungen so nahe wie möglich am Kunden, und die Product Manager waren die Stimme des Kunden im Unternehmen. HP wurde zu einem der ersten kundenzentrischen Tech-Unternehmen. Als nach dem Zweiten Weltkrieg in Japan bei Toyota Konzepte wie Just-in-time-Produktion und kontinuierliche Verbesserung (Kaizen) entstanden, gehörte HP zu den ersten Unternehmen in den USA, die dies ebenfalls praktizierten. Ausgehend von HP diffundierten das neue Verständnis von Product Management und Fertigung in die noch junge IT-Industrie. Wahrscheinlich liegt darin ein zu Unrecht wenig beachteter Erfolgsfaktor des Silicon Valley.

In der Konsumgüterindustrie ist der Product Manager bis heute Teil des Marketings. Im klassischen Marketingmix mit seinen vier Ps (Product, Place, Price, Promotion) stehen dabei eher die letzten drei im Fokus. Die Produktentwicklung selbst ist von diesen in der Regel getrennt. Anders in der digitalen Welt: Hier konzentriert sich der Product Manager auf das Kernprodukt. Es geht nicht nur darum, den Konsumenten und seine Bedürfnisse im Hinblick auf die Vermarktung zu verstehen, sondern darum, die Produktentwicklung selbst auf ihn auszurichten. Es gibt sogar eine spürbare Reaktanz gegenüber Promotion und Branding: Werbeausgaben werden wie eine Steuer für unterlegene Produkte empfunden.

Das Schisma zwischen dem Verständnis von Product Management in der Konsumgüterindustrie und dem von Technologiefirmen wirkt bis heute. In Automobilindustrie, Finanzdienstleistung, Telekommunikation, Handel und Touristik – also Branchen, deren Unternehmen gerade mitten dabei sind, sich in Software-Firmen zu verwandeln – hängt die Definition von Product Management nicht selten an den jeweiligen Berufsbiografien der Unternehmensführer.

Unser Verständnis eines Product Managers setzt auf der Tradition von Unternehmen aus dem Silicon Valley auf. Seine Rolle lässt sich wie folgt beschreiben: Die Aufgabe des Product Managers ist es, ein Produkt zu entdecken, das werthaltig, nutzenstiftend und umsetzbar (→ feasible) ist. Die Entdeckung des Produkts entspringt aus einer Zusammenarbeit von Product Management, Product Design und Product Engineering. Nachdem eine Produktopportunität durch die Entdeckung eines Nutzerproblems identifiziert wurde, hat das Product Management in unserem Playbook vier Kernaufgaben:

① **Konkretisieren** der Produktidee zu einer Produktdefinition durch Iterierung des Product Stagings
② **Validieren und Justieren** des Produkts anhand des Product Fields
③ **Entscheiden,** was konkret gebaut wird
④ → **Stakeholder Alignment** und Aufbereitung entsprechender Artefakte

Punkt 3 dieser Liste ist der schwerste. Es erfordert sehr viel Disziplin, den Fokus immer wieder auf das Kernproblem für den Nutzer zu richten. Defokussierung, etwa in Form von Featuritis, verlangsamt nicht nur den Entwicklungsprozess, sondern ist oft ein Killer hinsichtlich der späteren Nutzerakzeptanz.

Product Manager brauchen eine Passion für Produkte – sie müssen Produkte leben, essen, atmen. Sie zeigen Liebe für gute Produkte und Respekt ihnen gegenüber, unabhängig davon, woher sie stammen und zu welcher Kategorie sie zählen. Product Manager müssen nicht in der Branche verwurzelt sein, für die sie das Produkt entwickeln. Sie müssen aber unbedingt Empathie für die Nutzer und das Unternehmen besitzen. Das bedeutet, sie müssen in der Lage sein, sich mental intensiv in den Nutzer zu versenken und die Problemlösung komplett zu durchdenken. Die reine Nutzerbeobachtung kann nur Hinweise geben, und die expliziten Aussagen von Nutzern führen oft in die Sackgasse. Mit dem Satz „Customers don't know what they want until you show it to them", brachte Steve Jobs diese Herausforderung auf den Punkt.

PRODUCT DESIGN

Gutes Product Design, insbesondere bei digitalen Produkten, zeichnet sich weniger durch die formalästhetische Designqualität als vielmehr durch ein hervorragendes → User Experience Design (UXD) als führendes Qualitätsmerkmal aus. Als maßgeblich für das (Experience) Design digitaler Produkte haben sich in den letzten Jahren vor allem folgende Rollen herauskristallisiert:

- Service Designer (SD)
- Interaction Designer (ID)
- Visual Designer (VD)
- UI Developer (UID)

Allerdings wird diese Betrachtung den heutigen Designherausforderungen – die Stichwörter lauten Multidevice-/Multichannel-Fähigkeit, Bots, IoT, Voice Interfaces, Invisible Interfaces, AI, Data etc. – sowie der Arbeitsweise eines agil arbeitenden, crossfunktionalen Product Design Teams nur noch bedingt gerecht. Der hohe Grad der notwendigen Überschneidung von Kompetenzen, Fertigkeiten, Methoden und Tools in einem modernen multimodalen Product Design Team verlangt eine offenere Rollenbeschreibung und folgt eher dem Gedanken einer Netzwerkökonomie, die aus den vorhandenen Mitteln, Anforderungen und individuellen Fähigkeiten maximalen Wert schöpft.

Digitales Product Design wird von Experience Designern (XD) entwickelt. In der Regel hat ein Experience Designer seinen Schwerpunkt in einem, manchmal mehreren Kompetenzfeldern, und sein persönlicher Karrierepfad zeichnet sich durch Offenheit für neue Entwicklungsfelder aus. Wichtig ist, dass sich jedes Mitglied im Product Design Team als Experience Designer versteht, konsequent auf das gemeinsame Ziel eines hervorragenden User Experience Designs (UXD) hinarbeitet und sich nicht in seinen Silo zurückzieht. Dabei ergeben sich zu jeder Zeit und je nach Entwicklungsphase sehr enge Überschneidungen aller Bereiche und eine intensive Zusammenarbeit aller Rollen mit dem Product Engineering. In der Regel kann dies mit crossfunktionalen Teams sehr gut abgebildet werden.

Im digitalen Product Design gibt es unter anderem folgende Kompetenzfelder:

- Brand und Identity
- Business und Service
- Process und Architecture
- Interaction und Interface

Diese Kompetenzfelder führen in der Product-Design-Entwicklung vom Abstrakten (Brand und Identity) zum Konkreten (Interaction und Interface). Dieser Prozess läuft iterativ ab und zeichnet sich durch hochfrequente Release-Zyklen und eine Rückkopplung der gewonnenen Daten in den Produkt-Design-Prozess aus. Experience Designer, die das komplette Set an Kompetenzen, Fertigkeiten, Methoden und Tools exzellent beherrschen, sind heute eher selten anzutreffen. Es ist aber davon auszugehen, dass sich dies in Zukunft ändern wird.

Im Folgenden wollen wir die Kompetenzfelder und ihre Aufgaben im Detail vorstellen.

Brand und Identity

Der Prozess der Entwicklung Transformationaler Produkte stellt sich gänzlich anders dar als der Prozess der traditionellen Brand- und Identity-Entwicklung – er erscheint geradezu umgedreht. Das erfolgreiche digitale Produkt entsteht eben nicht als Ableitung einer gegebenen Brand Identity mit ihren Werten, ihren Zielgruppen, ihrem Designkanon und ihren Narrativen.

Transformationale Produkte entstehen durch die präzise Fokussierung auf die Lösung relevanter Nutzerprobleme und die Entwicklung einer radikal besseren User Experience. Nicht die Differenzierung durch Brand Identity, sondern die beste Lösung für möglichst viele Nutzer ist das Ziel. Der Netzwerkeffekt und die Belohnung durch den Nutzwert sind dabei von zentraler Bedeutung, wenn es darum geht, das Produkt erfolgreich zu machen.

Die entstehenden Designsysteme (Grafik, Motion, Sound, Interaktion, Tonalität, Raum) orientieren sich an der Anforderung, ein Produkt mit maximalem Wert für den Nutzer zu kreieren. Kategorien wie Utility, Usability und Desirability, kontinuierliches Analysieren der Nutzungsdaten und daraus abgeleitete Verbesserungen des Produktdesigns sind in diesem Zusammenhang wichtig. Ein gegebenes (Legacy-)Corporate-Design-System und ein Brand-Identity-Verständnis helfen uns hier erst einmal nicht weiter.

Die erfolgreichen digitalen Produktentwicklungen von Google sind ein gutes Beispiel dafür. Zunächst wurden lediglich die reinen digitalen Produkte entwickelt (Search, Analytics, Mail, Maps, Docs, Tabellen, Fotos etc.), und ihr Nutzwert wurde kontinuierlich optimiert. Erst später hat Google das Material Design erarbeitet. Als portfolioweites Designsystem bietet es nunmehr eine noch bessere produkt- und plattformübergreifende User Experience der Google-Produkte, wirkt somit wieder zurück auf Google als Brand und prägt deren Identität.

Auch hier sind Designsysteme, Style Guides, Pattern Libraries und Handbücher entstanden – nun aber auf der Basis der erfolgreichen digitalen Produkte und nicht umgekehrt. Solche strategischen und handwerklichen Fähigkeiten zeichnen den Experience Designer im Kompetenzfeld Brand und Identity aus.

Business und Service

Was sind die Bedürfnisse der Nutzer, mit welchen Hindernissen und Möglichkeiten sind sie konfrontiert? Wie sind der Markt und der Wettbewerb beschaffen, wie die Erwartung der Nutzer? In welchem Umfeld bewegen wir uns? Welche Personae, Use Cases und Rahmenbedingungen können wir identifizieren? Welche Probleme der Nutzer müssen wir (viel besser als bisher) lösen? Welche Geschäftsmodelle können wir daraus ableiten? Um was geht es tatsächlich? Im Kompetenzfeld Business und Service entsteht das strategische Design eines Produkts, formuliert in Modellen und Narrativen. Es geht um Change Management in bestehenden Organisationen.

Process und Architecture

Der nächste Konkretisierungsschritt ist der Übergang von der Strategie zur Taktik. Was bedeutet dies im Detail? Welche Architektur und welche Prozesse müssen dafür entwickelt werden? Im Kompetenzfeld Process und Architecture geht es um das taktische Produktdesign. Dazu gehören die Analyse und das Design von Geschäftsprozessen sowie das Design der notwendigen Business- und funktionalen Architektur. Experience Designer mit dem Schwerpunkt Process und Architecture schreiben die in diesem Kontext benötigten Business- und funktionalen Spezifikationen (Interface Architecture, User Journeys, Use Cases).

Interaction und Interface

Am konkreten Ende des Product-Design-Prozesses entsteht das Interface zwischen Produkt und Nutzer. Hierbei wird definiert, wie Nutzer mit dem Produkt interagieren, um ihre Ziele zu verwirklichen. Dies geschieht in Form von Use Cases, Wireframes, Modellen, Mock-ups und Prototypen. In diesem Kompetenzfeld werden die intuitiven Komponenten der Brand Identity über alle jeweils anwendbaren Kategorien der Wahrnehmung hinweg zum Leben erweckt. Und schließlich gehören auch quantitative und qualitative Nutzertests dazu.

PRODUCT ENGINEERING

Die traditionellen Entwicklungsprozesse, die vornehmlich aus der Projektarbeit heraus entstanden sind, haben eine jahrzehntelang dominierende Aufteilung des Bereichs der Software-Entwicklung begünstigt. Die klassischen Disziplinen der Software-Welt – Frontend, Backend, Database, QA und Operations – sind in ihrem klassischen Zuschnitt für Product Engineering aus unserer Sicht schlicht unbrauchbar. Selbst die Trends der letzten Jahre in Richtung End-to-End- oder Full-Stack-Entwickler sind für sich genommen nicht die ideale Basis für ein Product Engineering Team. Neben den notwendigen technischen Skills rückt, wie wir oben gesehen haben, vor allem eine T-förmige Qualifikation der beteiligten Personen zunehmend in den Fokus. Durch ein solches Profil ist es möglich, an den Schnittstellen zu Product Management und Design optimale Konzepte zu synthetisieren und als Product Engineering Team nicht nur die Umsetzung, sondern auch kollaborativ die fachliche Gestaltung des Produkts voranzutreiben. Es geht um mehr als um die Frage „Wie kann ich das technisch umsetzen?".

Es versteht sich aber von selbst, dass auch bei den veränderten Rahmenbedingungen das Know-how der klassischen technischen Teildisziplinen in einem Product Engineering Team stets in geeigneter Form vorhanden sein muss. Dazu gehören nach unserer Erfahrung die folgenden Kompetenzfelder:

User Interface

Auch wenn heute im Product Engineering die Grenzen zwischen Frontend- und Backend-Entwicklern zunehmend verschwimmen, so liegt doch ein Schwerpunkt auf der Programmierung des User Interfaces, also der visuellen Schnittstelle zwischen Mensch und Maschine, mittels HTML, CSS und JavaScript. Neben einer guten User Experience (Performance und Kompatibilität des Produkts) treibt dieses Kompetenzfeld auch die Eleganz („don't code things twice") und Handhabbarkeit (Maintenance) des Codes.

Idealerweise bilden der User Interface Engineer und der Experience Designer Interaction und Interface bereits zu Prozessbeginn ein Team, um Interface-Lösungen frühzeitig in Code umzusetzen und im Browser oder App-Prototyp zu verproben (Design for the Browser). Durch den Atomic-

Design-Ansatz und den Aufbau eines → Living Styleguides wird eine hohe Konsistenz der Interface-Objekte erreicht, es werden zu einem frühen Zeitpunkt Usability- und Performance-Probleme identifiziert, und es können sukzessive weitere notwendige Interfaces und Varianten direkt aus dem Living Styleguide in Code aufgebaut werden.

In den letzten Jahren fand eine deutliche Fokussierung auf die Implementierung von User Interfaces statt. In der Entwickler-Community findet man auch immer häufiger eine User-first-Haltung. Dies bedeutet nicht, dass im Umkehrschluss die Technologie unwichtig geworden ist – sie wird aber zumindest auf Augenhöhe mit dem Nutzer gebracht. Im Webumfeld wurden in diesem Zusammenhang Libraries wie Facebooks ReactJS populär, und es existiert, neben anderen Ansätzen, vor allem eine Art Common Sense hinsichtlich eines aktuellen Technologie-Stacks rund um ReactJS, Redux, JSX und NodeJS.

Letztlich halten wir es aber vor allem für wichtig, dass die Technologie zu den Erfahrungen, Möglichkeiten und vor allem auch Vorlieben des Teams passt. Von der Auswahl einer bestimmten Technologie durch das Management ohne vorherige Reflexion mit dem Product Engineering Team raten wir dringend ab.

Mobile

Ein (nativer) Mobile-Entwickler ist nach unserem Verständnis letztlich die Spezialisierung eines UI-Entwicklers.

API Design

Die Arbeit eines Engineers im Kompetenzfeld API Design besteht aus mehr als nur der technischen Realisierung von Schnittstellen zwischen Systemen oder Endpunkten für die UI-Entwicklung. Die Integration von bestehenden, die Kreation von neuen und die mögliche Integration von heute noch nicht bekannten Services sollten keine rein technischen Aufgaben sein. Im API Design geht es vor allem auch darum, die optimale technische Abbildung der fachlichen und geschäftlichen Vision eines Produkts zu ermöglichen und gleichzeitig für eine gute Architektur und für reibungsarme Entwickler-Workflows zu sorgen. Tiefes technologisches Know-how ist allerdings trotzdem unabdingbar.

Cloud Integration

In der aktuellen Software-Entwicklung spricht man häufig von Cloud-Native-Architekturen. Damit ist das zielgerichtete Zusammenspiel von Microservices, Cloud/DevOps und Continuous Delivery gemeint. Dies ermöglicht in diesem Rahmen skalierbare Applikationen, im Wesentlichen nach der von Adam Wiggins 2011 formulierten Twelve-Factor-Methode für Software-as-a-Service-Anwendungen.

 TEIL III – PLAYBOOK

Product Creating

PRODUCT STAGING

Das Product Staging ist der zentrale Prozess in unserem Playbook. Der Star auf der Bühne ist das Produkt, ihm gilt die ganze Aufmerksamkeit. Wir unterscheiden vier → Stages, die nacheinander und jeweils einzeln oder gesamthaft vom Product Team iteriert werden:

① **Research**
② **Lab**
③ **Construction**
④ **Greenhouse**

Sackgassen und Schleifen in der Entwicklung sind elementare Teile des Prozesses und werden zelebriert. Die Stages werden entgegengesetzt zur User Journey im EXPERIENCE LOOP von der SERVICE CO-CREATION über die SERVICE EXPERIENCE hin zur SERVICE DIFFUSION durchlaufen.

Das Product Team sollte zur Validierung der Ergebnisse das Product Field nutzen und zusätzlich auf die Werkzeuge aus der Product Toolbox zurückgreifen. Der EXPERIENCE LOOP wird innerhalb einer Stage so oft durchlaufen, bis die jeweiligen vom Product Team definierten → Gates durchschritten worden sind. Ein Vorschlag für Kriterien für die vier Stage Gates folgt an späterer Stelle in diesem Kapitel.

 Research

In der Research Stage braucht es in der Regel mehrere Anläufe, bis ein konsistenter EXPERIENCE LOOP gefunden wird. Von der dritten Station (SERVICE DIFFUSION) führt zudem ein Weg zurück zu den ersten beiden Stationen (SERVICE CO-CREATION und SERVICE EXPERIENCE). Das ideale Geschäftsmodell und der höchste Kundennutzen laufen ins Leere, wenn sich kein Hebel für eine erfolgreiche Diffusion des Produkts findet.

PRODUCT CREATING

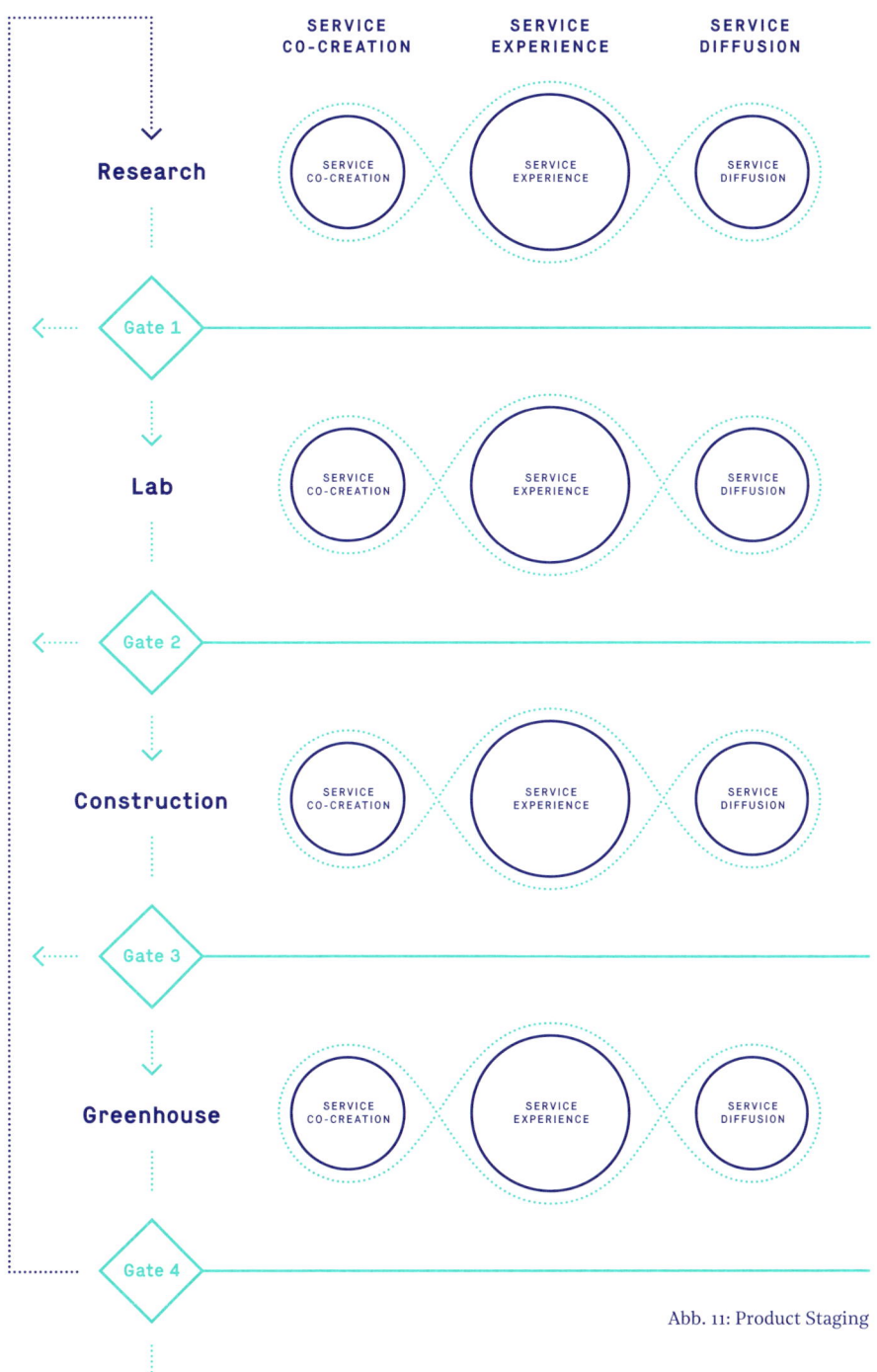

Abb. 11: Product Staging

∞ SERVICE CO-CREATION

Jeder Prozess braucht einen Startpunkt, der in iterativen Schleifen als Anker Halt gibt. In unserem Playbook ist es die **SERVICE CO-CREATION**, die mit der Entdeckung eines neuen Nutzwerts beginnt. Wenn zu Beginn noch keine Ideen als Sprungbrett in den Entwicklungsprozess vorliegen, ist das nicht kritisch. Es gibt erprobte Ideation-Methoden, von denen wir zwei im Abschnitt zur Product Toolbox vorstellen. Wesentlich ist, dass der entdeckte Nutzwert nicht nur neu, sondern auch proprietär ist, das heißt, dass er in seiner konkreten Form möglichst nur verschränkt mit den spezifischen Ressourcen des Unternehmens realisiert werden kann. Die folgende Grafik zeigt das Prinzip:

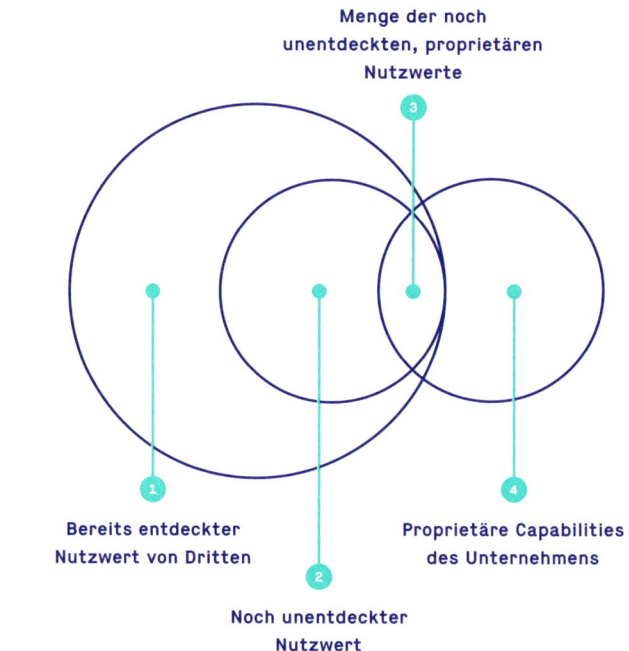

Abb. 12: Die Entdeckung des Nutzwerts

① Hoher Wettbewerb durch Dritte: die Menge der bereits entdeckten Nutzwerte

② Potenzieller Wettbewerb durch Dritte: die Menge der noch unentdeckten Nutzwerte ohne Schnittmenge zu den spezifischen Unternehmensressourcen

(3) Unique Position im Markt: die Menge der noch unentdeckten Nutzwerte, die nur mithilfe der jeweils spezifischen Unternehmensressourcen realisierbar ist

Wir starten also mit einer Produktdefinition, gespeist aus der Entdeckung eines proprietären Nutzwerts, den nur das Unternehmen liefern kann. Dies ist der differenzierende Ansatzpunkt für den Product-Staging-Prozess außerhalb von Start-ups (im Unterschied zu diesen entwickeln wir Transformationale Produkte nicht auf der grünen Wiese). Im nächsten Schritt werden die erfolgskritischen Produkteigenschaften, die den Code Transformationaler Produkte bilden, präzise herausgearbeitet.

Hierfür bietet sich die 4-W-Fragen-Methodik – Warum? Was? Wie? Womit? – als Gerüst für die Produktdefinition an:

- **Warum** verändert sich die Wertschöpfung durch das Produkt?
    - **Wie** sieht der neu entdeckte Nutzwert aus?
        - **Was** sind die spezifischen Ressourcen des Unternehmens, die genutzt werden?
            - **Womit** verdienen wir Geld (⟶ Business Model)?
            - **Womit** können wir skalieren (⟶ Scale)?
    - **Wie** sehen die externen Services aus, die integriert werden sollen?
        - **Was** verändert die Wertschöpfung durch externe Dienste?
            - **Womit** generieren wir nutzenstiftende Daten (⟶ Data)?
            - **Womit** können wir technisch integrieren (⟶ APIs)?
- ✓ Alle Fragen müssen beantwortet werden.

 TEIL III – PLAYBOOK

SERVICE EXPERIENCE

In der Research Stage ist es wichtig, dass das gesamte Product Team eine einheitliche Vorstellung davon entwickelt, wie die Experience des Produkts sein soll – ohne direkt ins Prototyping zu verfallen. Es ist im Wesentlichen eine diskursive Arbeit mit Stift und Papier. Am Ende der Stage müssen folgende Fragen für die Produktdefinition beantwortet sein:

☐ **Warum** verändert sich das Nutzerverhalten durch das Produkt?

    ☐ **Wie** wird eine niedrigschwellige Nutzung des Produkts erreicht?

        ☐ **Was** soll vom Produkt als Erstes genutzt werden?

            ☐ **Womit** interagiert der Nutzer konkret (⟶ User Interface)?

            ☐ **Womit** bewirkt das Produkt eine positive Erfahrung (⟶ User Experience)?

    ☐ **Wie** gelingt eine effiziente Vermarktung?

        ☐ **Was** für ein positives Feedback erhält der Nutzer?

            ☐ **Womit** erreichen wir eine wiederholte Nutzung (⟶ Mental Lock-ins)?

            ☐ **Womit** können wir die Nutzung funktional verstetigen (⟶ Functional Lock-ins)?

☑ Alle Fragen müssen beantwortet werden.

SERVICE DIFFUSION

Transformationale Produkte verbreiten sich im Wesentlichen durch ihre Nutzung im Markt, klassisches Marketing dient dabei nur als Katalysator im (Vermarktungs-)Prozess. Das passiert aber nicht von allein, sondern es braucht vielmehr wirksame Hebel, die bereits in der Research Stage herausgearbeitet werden müssen. Wichtig ist es an dieser Stelle zu wiederholen, dass die **SERVICE DIFFUSION** wesentliche Marketingfunktionen, die bei klassischen Produkten vom externen Marketing Layer geleistet werden, in das Produkt einbettet. Die Marketingfunktion ist somit Teil des Produkts. Bei der Arbeit mit der 4-W-Fragen-Methodik ist es eher Regel als Ausnahme, dass das Product Team bei den ersten Iterationen der **SERVICE DIFFUSION** in einer Sackgasse landet: Für den in der **SERVICE CO-CREATION** entdeckten Nutzwert finden sich keine Mechaniken für eine Marktdurchdringung. Das ist eine sehr wertvolle Erkenntnis, die hilft, viel Zeit und Ressourcen zu sparen. Methodisch bedeutet dies eine erneute Iteration der Research Stage mit dem Startpunkt **SERVICE CO-CREATION**.

- [ ] **Warum** verändert sich die Nutzererwartung durch das Produkt?
    - [ ] **Wie** wollen wir die Nutzung des Produkts niedrigschwelliger machen?
        - [ ] **Was** sind die Trigger?
            - [ ] **Womit** schaffen wir ein differenzierendes Nutzerversprechen (⟶ Radical Value Proposition)?
            - [ ] **Womit** erreichen wir eine überragende Bequemlichkeit (⟶ Casualness)?
    - [ ] **Wie** wollen wir eine effiziente Vermarktung sicherstellen?
        - [ ] **Was** bewirkt die Verhaltensänderung?
            - [ ] **Womit** erschließen wir eine neue Nutzwertdimension (⟶ 10x Value)?
            - [ ] **Womit** integrieren wir die Marketingleistung ins Produkt (⟶ Built-in Marketing)?
- [x] Alle Fragen müssen beantwortet werden.

TEIL III – PLAYBOOK

◆ **Lab**

Im Zentrum des Playbooks steht das Produkt, und das Ziel besteht darin, es so schnell wie möglich sicht- und damit kommunizierbar zu machen. Die Produktdefinition der Research Stage mithilfe von Papier, Stift und Text (für die Beantwortung der 4-W-Fragen) funktioniert jedoch nur für die Kommunikation innerhalb des Product Teams.

Auch Prototyping ist, wie viele gute Tools, in erster Linie ein Kommunikationswerkzeug. Es hilft, innerhalb des Product Teams und zwischen unterschiedlichen Stakeholdern im Unternehmenskontext ein gemeinsames Produktverständnis zu entwickeln. Im Gegensatz zu endlosen PowerPoint-Präsentationen und papiernen Anforderungskatalogen, die niemand liest, ist ein Prototyp erlebbar. Mit ihm ist es möglich, kommunikative Missverständnisse auf verschiedenen Ebenen aufdecken. Ein Prototyp zeigt früh die zukünftige Experience des Produkts und dient der Validierung durch Product Team, Nutzer sowie Stakeholder mittels schnellen und häufigen Feedbacks.

Prototyping ist grundsätzlich ein iterativer Prozess und umfasst unterschiedliche Stufen der → Fidelity, die die Nähe zum späteren fertigen Produkt beschreibt. Um den Grad dieser Nähe zu bestimmen, unterscheiden wir grundsätzlich zwei Zonen:

1. **Low Fidelity (Lofi).** Bereits hier ist es wichtig, Zwischenstufen wie Papier oder PowerPoint auszulassen und direkt digitale Prototypen für das spätere Endgerät zu entwickeln, beispielsweise für ein Smartphone. Vor allem aber gewinnt das Product Team durch den steten Blick auf den Screen schnell ein Gefühl für die spätere User Experience. Tool-Unterstützung ist zwingend, um robust iterieren zu können. Mittlerweile existieren zahlreiche erprobte Prototyping-Tools am Markt, die es allen Teammitgliedern ermöglichen, Lofi-Prototypen ohne spezifische Fachkenntnisse zu entwickeln. Lofi-Prototypen bleiben gleichwohl ein internes Kommunikationstool des Teams.

2. **High Fidelity (Hifi).** Will man realistisches Nutzerfeedback bekommen, führt kein Weg an Hifi-Prototypen vorbei. Zum einen sind die Erwartun-

gen der Nutzer an digitale Produkte mittlerweile so stark gestiegen, dass das Feedback auf Lofi-Prototypen immer eine artifizielle Laborsituation widerspiegelt und keine verlässlichen Aussagen zur späteren Akzeptanz des finalen Produkts zulässt. Zum anderen ist es sehr effizient, die finale User Experience bereits durch Hifi-Prototypen zu verproben und als Vorgabe für die Implementierung zu definieren. Hifi-Prototypen müssen hierzu immer nativ für die jeweilige Zielplattform (Web, iOS, Android) entwickelt werden.

③ Construction

Die größte Herausforderung für das Product Team liegt in der dritten Stage darin, das Momentum aus der Research- und Lab-Zeit während der naturgemäß engineeringlastigen Implementierung zu erhalten. Die beiden vorherigen Stages liefern lediglich eine solide Grundlage für die Produktimplementierung. Das zurzeit rein theoretische Produkt muss erst noch gebaut werden. Folgende Aspekte verdienen eine besonders hohe Aufmerksamkeit:

① **Skalierung des Teams.** Mit dem Start der Implementierung wachsen das Product Team und insbesondere das Engineering überproportional. Eine aufmerksame, intensive Integration und Einarbeitung der neuen Teammitglieder in die bisherigen Arbeitsergebnisse ist notwendig, und das Team muss auf die Produktidee eingeschworen werden.

② **Methoden.** Mit der Verschiebung der Teamzusammensetzung Richtung Engineering kann eine Ablenkung der Aufmerksamkeit vom Produkt in Richtung Methoden einhergehen. Es ist jedoch nicht nur wichtig, die Dinge richtig zu tun (Methoden), sondern man muss auch die richtigen Dinge tun. Wenn im Team mehr über Methoden und Prozesse als über das Produkt gesprochen wird, hat das Product Team ein Problem.

③ **Iterationen.** In der Implementierung sind oft weniger Iterationen zu beobachten als in den anderen drei Stages. Dennoch existieren sie. Bei der Entwicklung des User Interfaces sind es oft die vielen kleinen → Tweaks, die den entscheidenden Unterschied in der User Experience machen. Hier immer wieder den aktuellen Status in Frage zu stellen und das Benutzererlebnis weiter zu optimieren verlangt eine gemeinsame Anstrengung. Aber auch bei der Anbindung von APIs und Drittsystemen, der Generierung und Nutzung von Daten sowie bei Skalierungs- und Performance-Themen gibt es in der Praxis nicht selten Blocker, die sich nicht immer beiseiteschieben lassen und erheblichen Einfluss auf das Produkt haben können. In diesem Fall muss das Product Management den Mut haben, das Produkt noch einmal Research und Lab durchlaufen zu lassen. Produktinnovationen haben größere Implementierungsrisiken, weil sie eben auch → Edge Cases sind.

④ **Mess-, Test- und Optimierungsfähigkeit.** Am Ende der Implementierung und nach finalen Tests liefert das Product Team das Ergebnis für eine definierte Audience aus, beispielsweise einen Markt. Für die nachfolgende Optimierungsphase müssen daher in der Implementierung auch eine Reihe nicht funktionaler Anforderungen berücksichtigt werden. Hierzu gehört insbesondere, dass die Nutzung des Produkts sehr detailliert analysiert werden kann und das Produkt selbst dafür vorbereitet ist, kontinuierlich, beispielsweise durch parallele Testverfahren (A/B- und multivariates Testing), optimiert zu werden.

◆ **Greenhouse**

Der erste Kontakt eines Produkts mit echten Nutzern verläuft meistens anders als geplant. Menschen verwenden Produkte anders als vorgesehen und vorher in Testsituationen erlebt. Deshalb sind Transformationale Produkte auch noch nicht am ersten Tag reif für die Industrialisierung. Sie müssen weiterhin in einem geschützten Bereich vom Product Team aufgezogen werden.

In der Greenhouse Stage wird das Transformationale Produkt für eine spezifische Audience gelauncht – häufig ein Markt oder ein spezifisches Nutzersegment. Bei Amazon war es 1994 die Gruppe der (nordamerikanischen) Buchkäufer. Das Product Team muss nun die Stellschrauben finden, um ein tragfähiges Business Model für die spätere Skalierung (Industrialisierung) zu validieren. Basis sind die Überlegungen zum Geschäftsmodell, das in der Research Stage entwickelt wurde. Stimmten die Annahmen, und entwickeln sich die KPIs so wie antizipiert? Nur sehr selten ist das der Fall. Die Regel ist eine intensive Produktoptimierungsphase, bei der man sich dem Zielbild schrittweise nähert. Aber selbst in den raren Fällen, in denen die Annahmen in Schwarze trafen, kann durch Optimierung immens viel gewonnen werden.

Die Optimierung digitaler Produkte ist immer ein Ineinandergreifen vieler Räder: → Cost per Acquisition (CPA), → Conversion Rate (CR), → Average Revenue per User (ARPU) und → Monthly Active Users (MAUs) sind die wichtigsten Performance-Indikatoren, Treiber sind aber auch Preis und Wettbewerb. Diese einzelnen Faktoren – gerade im Hinblick auf das spezifische Geschäftsmodell – mit adäquaten Produktoptimierungen auszusteuern, braucht Erfahrung, Präzision und Stetigkeit. Und gelegentlich Entscheidungsstärke, ein totes Pferd nicht länger zu reiten und einen Pivot zu versuchen.

Stage Gates

Das Product Team muss zu Beginn Tore (Gates) definieren, die erreicht werden müssen, um die nächste Stage zu durchlaufen. Während der Produktentwicklung ist es oft sinnvoll, die Gates weiter zu detaillieren. Eine (sehr einfache) Übersicht über generische Stage Gates zeigt die folgende Tabelle:

Stage	Gate
Reseach	4-W-Fragen konsistent beantwortbar
Lab	Positive Nutzertests mit Hifi-Prototyp
Construction	Wesentliche Anforderungen implementiert
Greenhouse	Erfolgreiche Diffusion, wachsende Retention

TEIL III – PLAYBOOK

Product Field

Autoren
Klaus-Peter Frahm
Michael Schieben
Wolfgang Wopperer-Beholz

Wir haben gelernt, dass Produktinnovation keine Shortcuts kennt. Ebenso wenig gibt es den Königsweg, der uns mustergültig von der Idee zum Markterfolg führt. Gäbe es den, würden nicht 80 bis 90 Prozent aller Start-ups und vermutlich ähnlich viele Innovationsinitiativen in etablierten Unternehmen früher oder später scheitern. Die Frage ist deshalb, warum die zahlreichen Best Practices und Prozess-Frameworks für Produktinnovation nicht zuverlässig funktionieren. Liegt es daran, dass diese Verfahren nicht konsequent genug eingeführt und gesteuert werden? Oder dass die handelnden Protagonisten unfähig sind? Das können wir natürlich nicht ausschließen. Tatsächlich aber führen uns unsere eigenen Erfahrungen und Fallstudien zu einer anderen Erkenntnis:

> One-Size-Fits-All-Praktiken und -Prozesse funktionieren vor allem deshalb nicht, weil jede Produktinnovation in ihrem ureigenen Kontext lebt und dort den Wechselwirkungen spezifischer Eigenschaften und Verhaltensweisen von Menschen, Organisationen, Märkten und Technologien ausgesetzt ist. Mit anderen Worten: Produktinnovation ist ein komplexes System, das mit einfachen, schablonenartigen Praktiken und Prozessmodellen nicht erfolgreich zu managen ist.

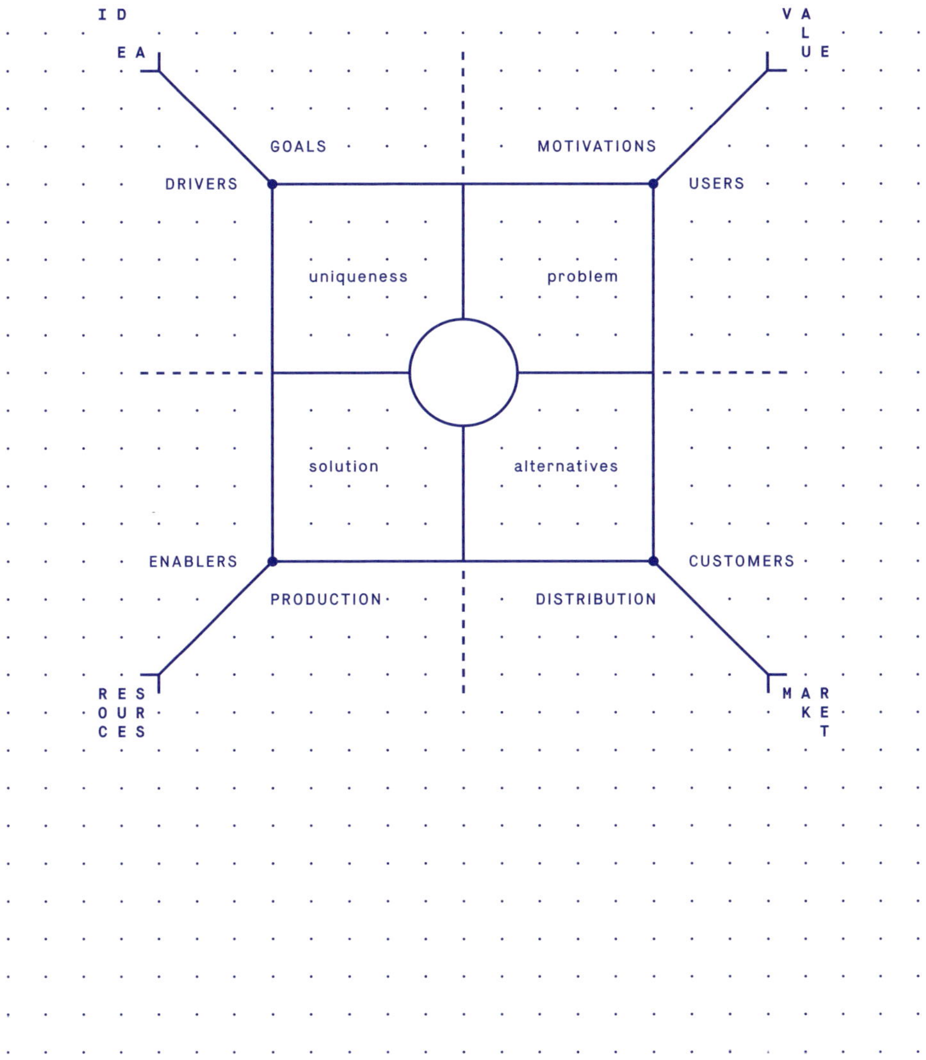

PRODUCT CREATING – PRODUCT FIELD

IDEA

VALUE

GOALS · · · MOTIVATIONS

DRIVERS · · · · · · · · · USERS

uniqueness · · · problem

solution · · · alternatives

ENABLERS · · · · · · · · · CUSTOMERS

PRODUCTION · · · DISTRIBUTION

RESOURCES

MARKET

Abb. 13: Product Field

137

Daraus ergibt sich die Frage, die uns zum Product Field geführt hat: Wie lässt sich diese Komplexität überhaupt angemessen behandeln? Wenn all die vorbildhaften Verfahren für Produktinnovation nicht verlässlich funktionieren, welche Herangehensweise ist dann geeignet? Oder noch konkreter: Mit welchen Werkzeugen und Methoden können wir die interagierenden Elemente und Kräfte einer Produktinnovation sichtbar und verständlich machen? Wie können wir das Denken und Handeln der beteiligten Akteure so aufeinander abstimmen, dass das System, in dem sie agieren, eine positive Innovationsdynamik entwickelt?

Es liegt nahe, dass Instrumente für die Beherrschung von komplexen Systemen aus einem anderen Holz geschnitzt sein müssen als die auf ausgewählten Best Cases basierenden Praxis- und Prozessempfehlungen. Werkzeuge, die solchen Anforderungen gerecht werden wollen, müssen uns in erster Linie beim gemeinsamen Denken helfen. Sie müssen uns ein Vokabular und ein Modell an die Hand geben, die uns helfen, ein gemeinsames Verständnis zu erzeugen und kollektives Handeln zu koordinieren. Sie müssen die Analyse und Bewertung komplexer Systemdynamiken unterstützen. Sie müssen uns in die Lage versetzen, systematisch Risiken und Potenzial von Innovationsvorhaben zu erkunden. Und sie müssen uns entscheiden helfen, welche konkreten Maßnahmen und Methoden wann sinnvoll um- und einzusetzen sind.

Wir nennen solche Werkzeuge kognitive Medien.

Das Product Field ist ein solches kognitives Medium. Seit seinen ersten Einsätzen im Jahr 2014 bewährt es sich als umfassendes Modell und Instrumentarium für wirksames → Product Thinking. Es leistet konkrete Hilfestellung bei folgenden Herausforderungen:

[1] **Schaffung eines gemeinsamen Bezugsrahmens und geteilten Verständnisses.** Das Product Field bietet dafür ein mentales Modell, eine visuelle Struktur und ein geteiltes Vokabular. Die Arbeit an dieser Herausforderung nennen wir Frame.

[2] **Herstellung des Big Picture als gemeinsame Arbeitsgrundlage.** Der Product-Field-→Canvas bietet eine Fläche, auf der alle vorhandenen Kenntnisse über eine Produktinnovation abgebildet und verortet werden. Wir sprechen hier von Map.

[3] **Überprüfung auf konzeptionelle Mängel, Lücken und Unstimmigkeiten.** Die inhärente Grammatik des Product Fields macht die Kohärenz und Konsistenz von Produktinnovationen validierbar. Diesen Punkt nennen wir Check.

[4] **Aufspüren von Stärken und Schwächen.** Mit dem Product Field lassen sich positive und negative Potenziale im strategischen, organisationalen und operativen Kontext von Produktinnovationen visualisieren und daraus konkrete Handlungsbedarfe ableiten. Das nennen wir Find.

Die folgenden Abschnitte illustrieren, wie das Product Field konkret für die Arbeitsschritte Frame, Map, Check und Find eingesetzt wird.

[1] FRAME —
Gemeinsamer Bezugsrahmen und geteiltes Verständnis

Wenn wir als Produktmacher erfolgreich sein wollen, dann brauchen wir ein gemeinsames Verständnis von Produktinnovation. Das Product Field bietet hierfür ein Modell, das Product Teams und ihre Stakeholder dabei unterstützt, ihre Situation zu verstehen und Entscheidungen besser aufeinander abzustimmen. Damit wird das Product Field zu einem Instrument, das nicht nur bei der Analyse und Standortbestimmung hilft, sondern vor allem auch bei der Konzeption und Steuerung von Produktinnovation.

Konzeptueller Raum und Canvas

Der konzeptuelle Raum des Product Fields ermöglicht die systematische Erfassung der Wechselwirkungen von Akteuren, Strategien, Artefakten und Bedingungen einer Produktinnovation. Dieser Raum lässt sich auf einem Canvas abbilden und so greifbar machen.

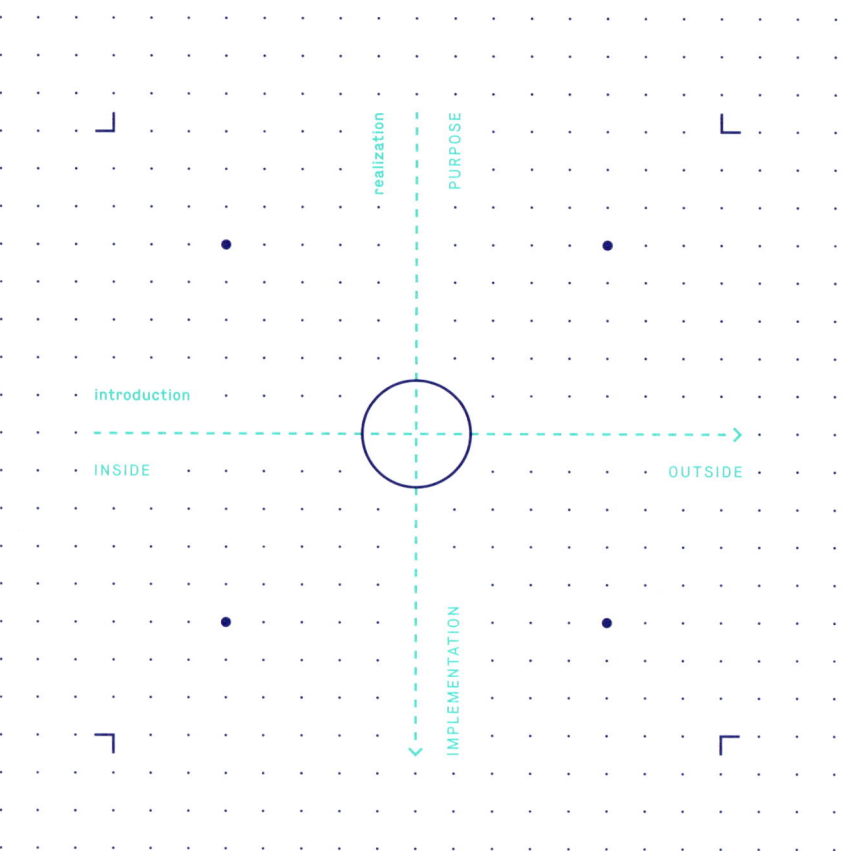

Abb. 14: Konzeptueller Raum

Die Grundstruktur des Raums entsteht durch zwei orthogonale Vektoren:

INSIDE → OUTSIDE
Ein Produkt entsteht immer innerhalb eines Unternehmens und muss Nutzer sowie Kunden außerhalb davon erreichen. Die Bewegung erfolgt von innen nach außen. Diesen Vektor nennen wir Introduction.

PURPOSE → IMPLEMENTATION
Ein Produkt wird realisiert, weil es einen Sinn und Zweck für seine Stakeholder erfüllt. Die Bewegung erfolgt vom Zweck zur Umsetzung. Diesen Vektor nennen wir Realization.

Die Verlängerung der beiden Vektoren ergibt die Achsen eines Koordinatensystems, das auf der halben Strecke von innen nach außen und vom Zweck zur Umsetzung entspringt. Es erfasst alle möglichen Verläufe einer Produktinnovation und bildet das visuelle Grundgerüst des Product Fields.

Aspekte und Felder

Das Product Field berücksichtigt alle Bedingungen und Kräfte einer Produktinnovation. Um diese systematisch erfassen und erkunden zu können, müssen sie entsprechend ihren kausalen und konzeptionellen Rollen geordnet werden. Daraus lassen sich zwölf Aspekte von Produktinnovation ableiten.

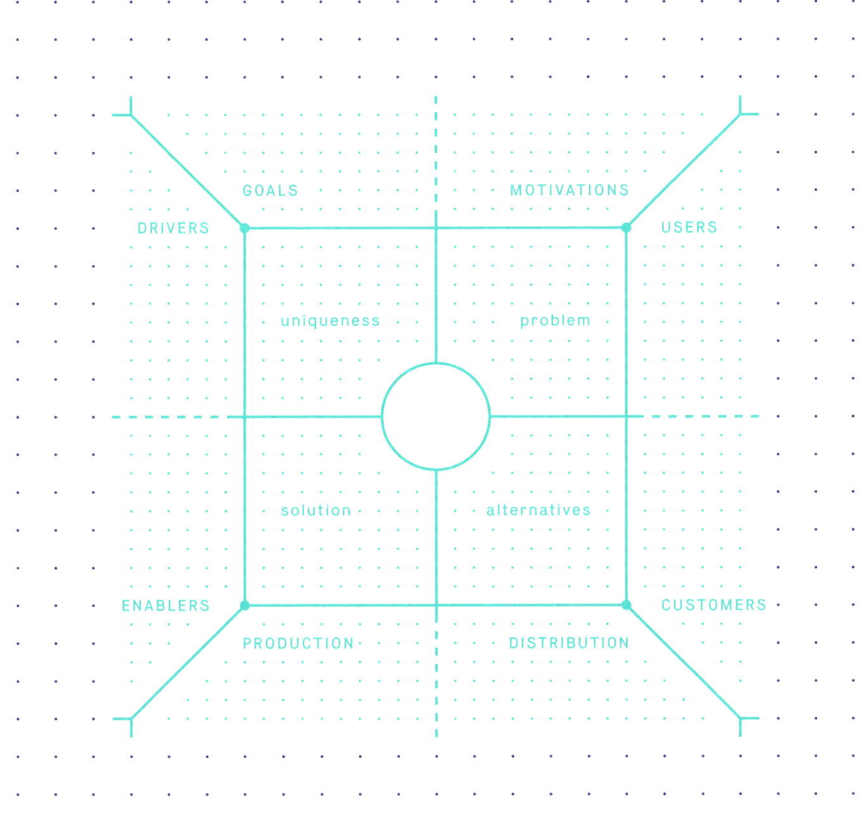

Abb. 15: Aspekte von Produktinnovation

Visuell repräsentiert werden diese Aspekte durch jeweils ein Feld, das der Rolle und den Zusammenhängen des jeweiligen Aspekts entsprechend verortet ist. Für die Realization-Achse gilt dabei: Je abstrakter und je näher am Zweck (Purpose) einer Produktinnovation ein Aspekt ist, desto weiter oben befindet sich das entsprechende Feld. Umgekehrt liegen konkretere und umsetzungsbezogene Aspekte (Implementation) im unteren Bereich des Product Fields. Das gleiche Prinzip gilt für die Introduction-Achse: Je relevanter ein Aspekt für die organisatorischen Rahmenbedingungen (Inside) ist, desto weiter links ist er positioniert. Entsprechend liegen die Felder für externe Aspekte (Outside) rechts.

MAP —
Big Picture als gemeinsame Arbeitsgrundlage

Das gemeinschaftliche Zusammentragen und Ordnen, also das Mapping, von Kenntnissen über eine Produktinnovation macht bestehendes Wissen und versteckte Annahmen explizit. Dadurch wird ein strukturiertes, umfassendes und geteiltes Gesamtbild erzeugt.

Eine ausführliche Beschreibung und Veranschaulichung aller zwölf Aspekte mitsamt ihren Wirkungsbeziehungen kann diese kurze Einführung nicht leisten. Dafür möchten wir auf das Buch „Product Field – Die Referenz" verweisen. Stattdessen gehen wir im Folgenden lediglich exemplarisch auf die Aspekte im unteren rechten Quadranten ein, die sich auf Implementation im Bereich Outside beziehen:

Customers

Kunden sind Menschen oder Organisationen, die von der Produktnutzung profitieren und dafür zahlen. Sie können, müssen aber nicht Nutzer des Produkts sein. Sie zu beschreiben hilft zu verstehen, wie sie Kaufentscheidungen treffen, wo und wann sie erreicht werden können und wie groß das Umsatzpotenzial des Produkts ist. Denken Sie hier zum Beispiel an bestimmte Rollen, Industriezweige oder Berufe, an Unternehmensgrößen oder Adressierbarkeit.

PRODUCT CREATING – PRODUCT FIELD

(?) Leitfragen: Wer sind die Menschen oder Organisationen, die tatsächlich für das Produkt bezahlen? Warum bezahlen sie für das Produkt? Wie treffen sie Kaufentscheidungen?

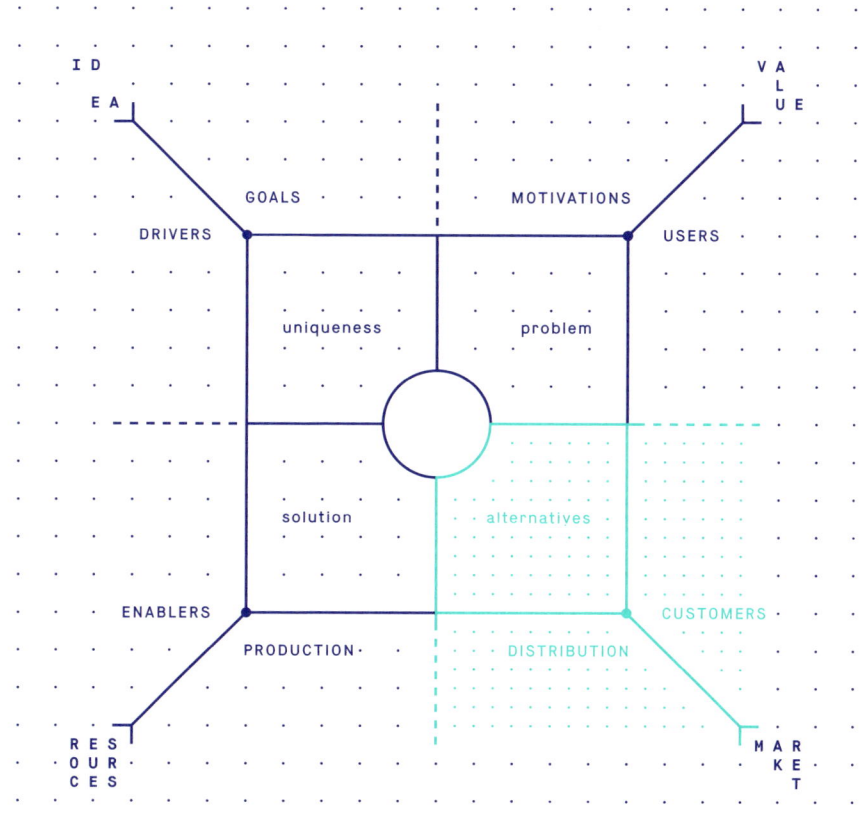

Abb. 16: Aspekte im Bereich Implementation / Outside

Distribution

Distribution bringt das Produkt zum Kunden. Sie umfasst die Vermarktung des Produkts genauso wie Kundenakquise und Produktlogistik. Die Beschreibung der Distribution liefert wichtige Informationen für die Go-to-Market-Strategie und die Ermittlung der Kundenakquisitionskosten. Sie ist der Schlüssel für Wachstum und Return on Investment. Denken Sie hier zum Beispiel an Marketing, Verkauf, Logistik, Kanäle oder Technologien.

(?) Leitfragen: Welche Kanäle, Technologien und Partner können Sie nutzen, um das Produkt in die Köpfe und Hände der Nutzer und Kunden zu bringen? Was ist notwendig, um Nutzer oder Interessenten zu Kunden zu machen?

Alternatives

Alternativen sind Lösungen oder Verhaltensweisen, die bereits angewendet werden, um das Problem, das ein Produkt adressiert, zu lösen oder zu umgehen. Sie reichen von konkurrierenden Produkten und Dienstleistungen bis zur Bequemlichkeit der potenziellen Kunden. Alternativen sind der Benchmark für die Einzigartigkeit einer Innovation (siehe 10x Value). Sich mit ihnen zu beschäftigen hilft dabei, einen realistischen Ausblick auf die erwartete Adoption des Produkts zu gewinnen. Deshalb ist es wichtig, die Alternativen genau zu kennen und detailliert zu beschreiben. Denken Sie dabei nicht nur an andere Produkte, sondern auch an bestehende Workarounds, Eigenbaulösungen und schlichte Ignoranz.

(?) Leitfragen: Was sind alternative Lösungen, die das Problem beseitigen oder lindern können? Was unternehmen die Nutzer aktuell, um ihr Problem zu lösen? Wie gelingt es ihnen, das Problem zu ignorieren oder zu umgehen?

Detaillierte Erläuterungen zu den hier nicht näher beschriebenen Aspekten Goals, Drivers, Uniqueness, Motivations, Users, Problem, Enablers, Production und Solution finden Sie im Buch „Product Field – Die Referenz".

3 CHECK —
Prüfung auf konzeptionelle Mängel

Erfahrungsgemäß weisen Produktinnovationen vor allem in der Frühphase konzeptionelle Mängel, Lücken und Unstimmigkeiten auf. Je eher wir diese erkennen, desto schneller können wir sie adressieren. Dadurch sinkt das Risiko des Scheiterns erheblich. Mit dem Product Field kann die konzeptionelle Qualität der Produktinnovation systematisch überprüft werden. Möglich wird das durch die logische Verortung der Aspekte auf dem Product Field und einer daraus abgeleiteten Grammatik.

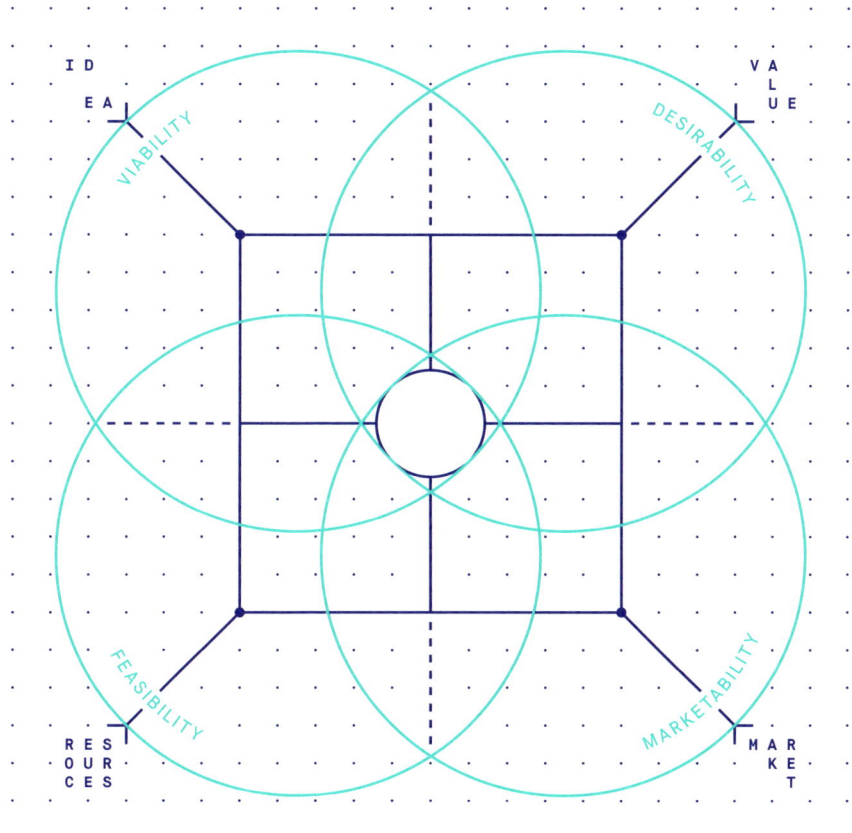

Abb. 17: Die vier Qualitäten des Core/Context-Fits

Core/Context Fit

Die konzeptionelle Qualität einer Produktinnovation lässt sich vor allem daran festmachen, wie gut die Value Proposition des Produkts zu den Bedingungen und Gegebenheiten seiner Entstehung und Nutzung passt. Die Value Proposition wird durch die vier inneren Aspekte Problem, Solution, Alternatives und Uniqueness definiert. Sie bilden den Core der Produktinnovation.

Umgeben wird dieser von Aspekten, die den Context der Produktinnovation beschreiben. Durch die Verortung der Felder im Product Field wird deutlich, dass jeder Core-Aspekt in direkten Wirkungsbeziehungen zu zwei benachbarten Aspekten des Context steht. Daraus ergeben sich vier „Dreiecksbeziehungen", die in sich stimmig und schlüssig sein müssen. Sind sie das, haben wir einen Core/Context Fit erreicht: Die Value Proposition passt zur strategischen Idee hinter dem Produkt, lässt sich mit den gegebenen Ressourcen verwirklichen, adressiert einen ausreichend großen Markt und schafft echten Wert für die Nutzer.

Die vier „Dreiecksbeziehungen" zwischen einem Core- und zwei Context-Aspekten beschreiben jeweils die →Marketability, Desirability, →Viability und →Feasibility der Produktinnovation. Konzeptionelle Qualität entsteht, wenn es uns gelingt, für jeden Aspekt auf dem Product Field mindestens einen schlüssigen Satz zu bilden, der die „Dreiecksbeziehungen" zum Ausdruck bringt.

Marketability

Eine Produktinnovation ist marktfähig, wenn es einen ausreichend großen adressierbaren Markt dafür gibt, wenn also der Distributionsarm der Organisation in der Lage ist, genug Kunden zu erreichen, die bereit sind, eine bestehende Alternative durch das neue Produkt zu ersetzen. Nutzen Sie die folgende Satzvorlage für die Überprüfung der Marketability:

[Distribution] erreicht [Customers], die [Alternatives] durch das Produkt ersetzen.

Desirability

Eine Produktinnovation ist begehrenswert, wenn sie einen wirklichen User Value erzeugt, wenn also das Produkt ein Problem löst, das Nutzer davon abhält, bestimmte Motivationen zu verwirklichen. Nutzen Sie die folgende Satzvorlage für die Überprüfung der Desirability:

Das Produkt löst ein [Problem], das zwischen dem [User] und seiner [Motivation] steht.

Viability

Eine Produktinnovation ist tragfähig, wenn sie eine praxistaugliche Geschäfts-idee ausdrückt, wenn also das Produkt und seine Einzigartigkeit den Zielen der Organisation und ihrer Driver gerecht werden. Nutzen Sie die folgende Satzvorlage für die Überprüfung der Viability:

Das [Goal] leitet die [Drivers] bei der Schaffung der [Uniqueness], die das Produkt auszeichnet.

Feasibility

Eine Produktinnovation ist machbar, wenn sie mit den verfügbaren Ressourcen realisiert werden kann, wenn also die Enablers des Unternehmens die Production in die Lage versetzen, die im Produkt realisierte Lösung herzustellen. Nutzen Sie die folgende Satzvorlage für die Überprüfung der Feasibility:

Die [Enablers] ermöglichen die [Production] der [Solution], die das Produkt verwertet.

4 FIND —
Stärken und Schwächen finden, Maßnahmen ergreifen

Die Akteure, Strategien, Artefakte und Bedingungen einer Produktinnovation bestimmen deren Praxistauglichkeit und sind damit maßgeblich für ihren Erfolg oder Misserfolg. Bei der Betrachtung von Stärken und Schwächen liegt der Fokus deshalb auf dem Context, in dem sie wirken.

Die Erstellung eines Stärken-Schwächen-Profils erfolgt schrittweise: Zunächst werden die gesammelten Fakten einzeln positiv oder negativ bewertet, je nachdem welchen Einfluss sie auf den Innovationserfolg haben (können). Die Summe der Einzelbewertungen innerhalb eines Aspekts ergibt dann entweder einen positiven oder negativen Wert, der Aspekt stellt also entweder eine Stärke oder eine Schwäche der Innovation dar.

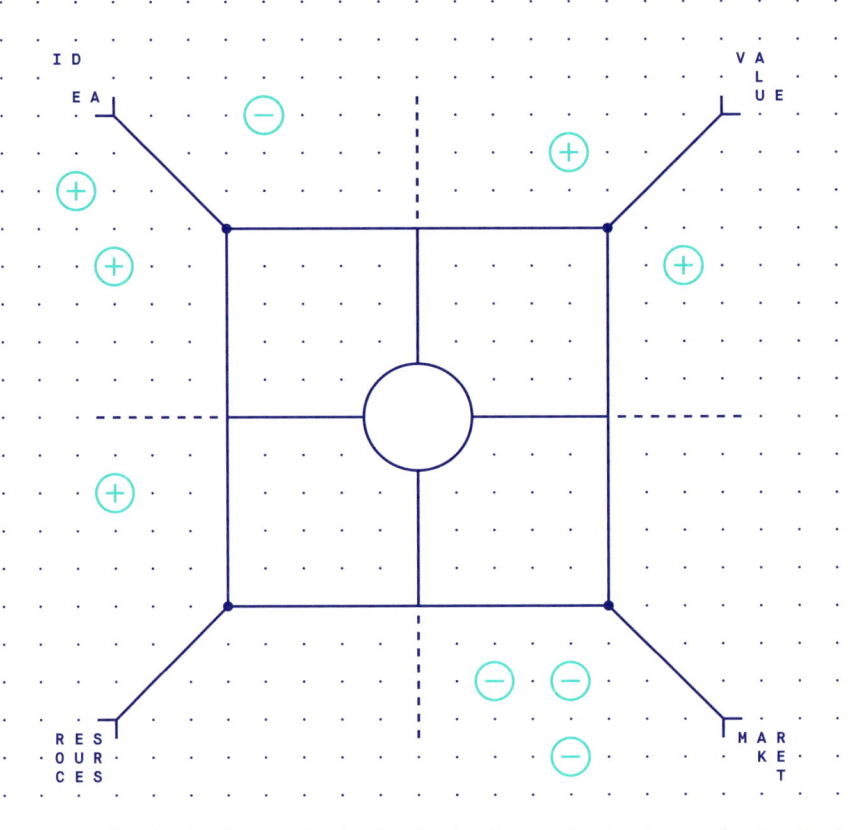

Abb. 18: Bewertung im Context

Stärken

Die Ermittlung der Stärken hilft beim Fokussieren auf Vorteile. Stärken sind zum Beispiel klare Ziele, besondere Assets, herausstechende Kompetenzen oder ein einfacher Zugang zu bestimmten Marktsegmenten.

Schwächen

Schwächen zu kennen hilft bei Risikomanagement und Verbesserungen. Schwächen sind fehlende, mangelhafte oder sich behindernde Akteure, Strategien, Artefakte oder Bedingungen. Beispiele dafür sind schwache Drivers, konkurrierende Ziele, mangelndes Know-how oder eine blockierte Distribution.

PRODUCT CREATING – PRODUCT FIELD

Kraftfeld

Sobald die Stärken und Schwächen einer Produktinnovation ermittelt sind, kann das Product Field die durch ihr Zusammenspiel entstehenden Kräfte visualisieren. Die Kräfte wirken entlang der Achse Introduction, denn diese repräsentiert die faktische Arbeit am Produkt, also seine Entstehung und Vermarktung.

Kräfte können das Produkt auf seinem Weg von innen nach außen entweder anschieben und ziehen, also den Erfolg begünstigen oder das Produkt durch Störungen oder Blockaden bei der Einführung behindern. Produktinno-

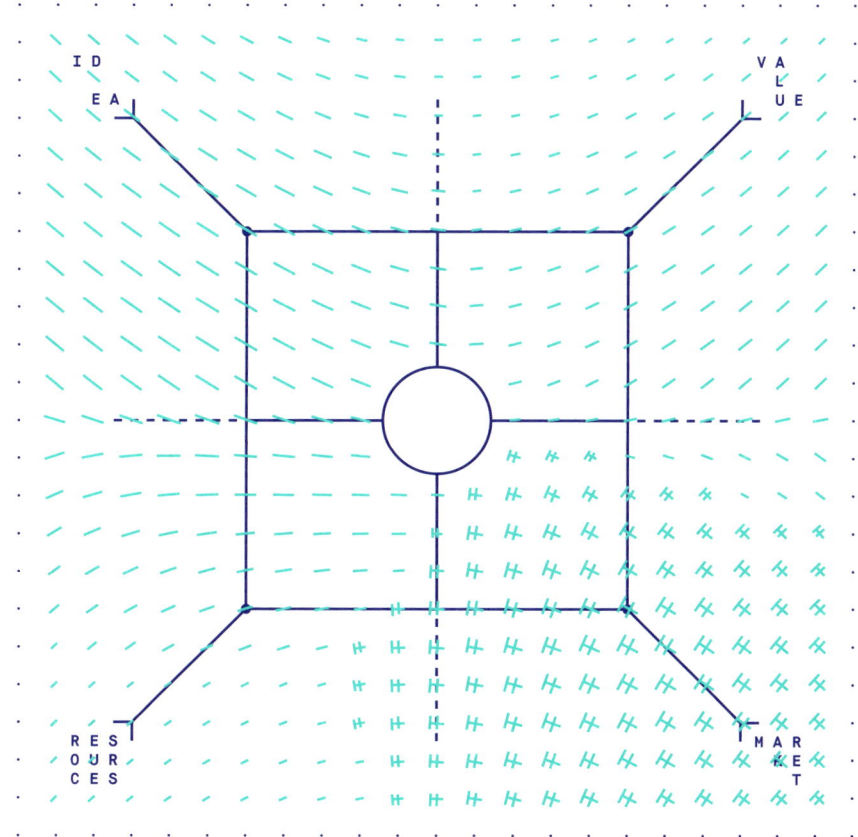

Abb. 19: Kraftfeld-Visualisierung

149

vationen mit großen Erfolgschancen erkennt man daran, dass ihr Kraftfeld ungestört von innen nach außen wirkt und das Produkt damit zu Nutzern und Kunden trägt.

Starke Gegenkräfte markieren für eine Innovation die Punkte mit dem höchsten Misserfolgsrisiko. Daher sollte die Steuerung einer Produktinnovation auf die Neutralisierung dieser Gegenkräfte und damit auf die Reduzierung von Risiken ausgerichtet sein. Gleichzeitig kann das Heben bestehender Stärken dazu beitragen, positive Kräfte zu verstärken und dadurch die negativen Effekte zu überwinden.

HANDS–ON PRODUCT THINKING

Das Product Field stiftet praktischen Wert auf zwei Ebenen:

(1) Als mentales Modell hilft es uns beim Denken und bei der Verständigung. Product Teams, die auf dieser Basis zusammenarbeiten, reden weniger aneinander vorbei und kommen wesentlich schneller zum Punkt.

(2) Als Werkzeug ist das Product Field ein Canvas mit konkretem Anwendungsprogramm, bestehend aus Frame, Map, Check und Find. Für jeden dieser Schritte gibt es in „Product Field – Die Referenz" eine ausführliche Beschreibung sowie eine Reihe von praktischen Tipps.

Product Field und Methoden zur Produktentwicklung

Das Product Field hilft Product Teams und Unternehmen dabei, das verfügbare Instrumentarium an Werkzeugen und Methoden zur Produktentwicklung effektiv und zielgerichtet zu nutzen.

In den Lücken, Schwächen und Risiken, aber auch in den Stärken und Potenzialen, die sie im Check und im Find aufdecken, stecken ganz unterschiedliche Herausforderungen. Mithilfe des Product Fields gemeinsam analysiert und kontextualisiert, können diese gezielt mit dem jeweils passenden Ansatz bearbeitet werden – zum Beispiel mittels der folgenden Werkzeuge und Methoden:

- How Might We
- Challenge Mapping
- Jobs to be Done
- Persona
- Empathy Map
- Design Studio
- Prototyping
- Context Map
- Stakeholder Map

Hat ein Unternehmen verstanden, wo es in der Entwicklung steht, welche Stärken und Schwächen seine Produktinnovation hat, kurz: wie sein Innovationsprofil aussieht, dann kann es einen speziellen Innovationsprozess entwickeln – oder die bekannten Prozess-Frameworks nutzen, um den jeweils passenden Weg einzuschlagen. So lassen sich zum Beispiel folgende Vorgehensvorschläge auf ein individuelles Product Field mappen:

- Lean Start-up/Customer Development
- Design Thinking/Service Design
- Theory of Constraints/Kanban

TEIL III – PLAYBOOK

Product Toolbox

Auf den folgenden Doppelseiten stellen wir kurz und knapp Methoden und Tools vor, die sich in den letzten Jahren bewährt haben. Da eine ausführliche Präsentation den Rahmen dieses Buches sprengen würde, geben wir zu jedem Tool Empfehlungen für weiterführende Literatur. Außerdem liefern wir einen Indikator, der auf einen Blick die Eignung jedes Tools für die verschiedenen Product Stages zeigt und so den schnellen Griff in die Toolbox erleichtert.

TEIL III – PLAYBOOK

DESIGN THINKING

Spätestens seit der Harvard Business Review im Jahr 2015 das Thema Design Thinking auf die Titelseite hob, ist es zur Methode der Wahl für große Unternehmen geworden, die Innovation im Rahmen von Digitaler Transformation zu internalisieren versuchen. Gleichwohl ist Design Thinking eher ein Prozess und eine Denkweise denn eine bestimmte Einzelmethode. Es betrachtet Innovation als Schnittmenge zwischen technologischer Machbarkeit (Feasibility), wirtschaftlicher Darstellbarkeit (Viability) und Attraktivität für den Nutzer (Desirability).

  Dabei spricht Design Thinking konsequent vom Menschen statt vom Nutzer oder vom Konsumenten. Dies reflektiert die Breite des Anwendungsbereichs. Design Thinking ist eine universelle Methode zur Lösung von Problemen und bietet unterschiedliche Prozessmodelle an. Zu den wichtigsten Eigenschaften dieser Prozesse gehört, dass sie nicht linear sind wie das klassische Wasserfallmodell, sondern iterativ. Zwar gibt es unterscheidbare Phasen, aber der Übergang von einer Phase zur anderen ist nicht zwingend sequenziell. Die Reihenfolge variiert, und jede Phase wird mehrfach durchlaufen.

  Der Grund dafür ist, dass jede Phase neue Erkenntnisse generiert, die Auswirkungen auf die anderen Phasen haben. Den verschiedenen Modellen ist gemeinsam, dass sie eine nutzerzentrierte Perspektive einnehmen. Der entscheidende Gedanke des Design Thinkings ist, dass Empathie für den Nutzer im Prozess der Produktentwicklung nicht nur theoretisch vorgesehen ist und verbal proklamiert wird, sondern dass sie auch tatsächlich praktiziert wird.

  Einzelne Elemente des Design Thinkings wie (Rapid) Prototyping und Testing stellen wir in der Toolbox auf den folgenden Seiten separat vor.

Literaturempfehlungen

→ **Brown, Tim** (2009).
Change by Design: How Design Thinking Transforms Organizations and Inspires Innovation. HarperBusiness.
—

Vielleicht eines der besten Bücher für den Einstieg in die Design-Thinking-Methode. Es enthält viele Beispiele, bietet aber keine Frameworks oder Arbeitsblätter. Kein Buch von Designern für Designer, sondern eines für kreative Führungskräfte, die Design Thinking in jede Ebene einer Organisation und jedes Produkt bringen wollen.

→ **Kelley, Tom** (2001).
The Art of Innovation: Lessons in Creativity from Ideo, America's Leading Design Firm. Crown Business.
—

Der Klassiker vom Erfinder des Design Thinkings.

→ **Kumar, Vijay** (2012).
101 Design Methods: A Structured Approach for Driving Innovation in Your Organization. Wiley.
—

Eine Schritt-für-Schritt-Anleitung für Design Thinking. Dieses Buch versteht den Prozess, neue Produkte, Dienstleistungen und Kundenerfahrungen zu schaffen, als Wissenschaft und nicht als Kunst. Es bietet praktische Werkzeuge und Methoden für die Planung und Definition neuer Produkte.

→ **Lockwood, Thomas** (2009).
Design Thinking: Integrating Innovation, Customer Experience, and Brand Value. Allworth Press.
—

Eine hervorragende Gesamtschau auf die Methodik des Design Thinkings. Das Buch liefert eine durchdachte Herangehensweise mit detaillierten Informationen, bei der Design Thinking aus verschiedenen Perspektiven betrachtet wird. Zudem gibt es Einblicke in die Herausforderung, einen Prozess und eine Kultur des Design Thinkings in einem Unternehmen aufzubauen.

TEIL III – PLAYBOOK

SERVICE DESIGN

Service Design und Design Thinking sind so eng miteinander verwandt, dass die beiden Begriffe gern zu Service Design Thinking zusammengezogen werden, so zum Beispiel in „This is Service Design Thinking". In diesem Buch, inzwischen ein Klassiker, präsentieren Marc Stickdorn und Jakob Schneider 25 visuelle Methoden und Tools aus der Praxis des Service Designs. Während der Begriff Design Thinking eher die Anwendung von Designtechniken zur Lösung von Problemen beschreibt, die nicht notwendigerweise klassische Designprobleme sein müssen, ist Service Design eine Designdisziplin, konkret eine Teildisziplin des Product Designs. Es versteht Services als komplexe, hybride Artefakte, die nicht nur aus Dingen, Orten, Kommunikations- und Interaktionssystemen bestehen, sondern auch aus Menschen und Organisationen.

Eine der ältesten visuellen Methoden des Service Designs ist der Service Blueprint, ein Diagramm zur Darstellung der komplexen Natur von Services und ihrer Transaktionswege (Prozesse). Zunächst unter dem Blickwinkel des Serviceanbieters entstanden, werden Service Blueprints heute kollaborativ und aus nutzerzentrierter Perspektive erstellt. Außerdem erfassen sie die Prozesse hinter den Kulissen, die ein Service benötigt. In der Praxis des Service Designs haben sich auch Methoden der Ethnografie durchsetzen können. Dazu gehören die Beobachtung von Nutzern, die Analyse von Artefakten und Videotagebücher.

Das übergeordnete Ziel des Service Designs ist es, Einsichten darüber zu gewinnen, wie Menschen leben, wie sie sich Produkte aneignen und sie nutzen und was sie für ihr tägliches privates und berufliches Leben brauchen. Es geht dabei um Empathie, um das Sichhineinversetzen in den künftigen Nutzer eines Service. So ist auch Co-Designing eine wichtige Methode des Service Design, weil sie den Nutzer in einen kollaborativen Entwicklungsprozess einbezieht und dadurch wichtige Einsichten und erfolgreiche Ergebnisse erzielt. Co-Designing schafft Aufmerksamkeit für sonst oft verborgenes Wissen, das auch nonverbal, nonlinear und intuitiv sein kann.

Literaturempfehlungen

→ **Curedale, Robert** (2013).
Service Design: 250 Essential Methods. Design Community College Inc.
—
Der Autor beschreibt die Fähigkeiten, die ein Designer für die Entwicklung von Services und Experiences benötigt, und liefert eine Fülle von Methodenbeispielen.

→ **Osterwalder, Alexander et al.** (2010).
Business Model Generation: A Handbook For Visionaries, Game Changers, And Challengers. Wiley.
—
Kein Buch über Service Design im engeren Sinne, sondern die Darstellung einer bewährten und effektiven Methode, um die Prinzipien von Service Design und Design Thinking in die Praxis zu übersetzen. Kernstück ist das Business Model Canvas, ein Werkzeug zur Definition von Geschäftsmodellen aus einer strikt nutzerorientierten Perspektive.

→ **Polaine, Andy** (2013).
Service Design: From Insight to Implementation. Rosenfeld Media.
—
Eine gute Balance von Theoretischem und Praktischem mit einer Vielzahl von Fallstudien, die zeigen, wie die Theorie in die Praxis umgesetzt wird. Das Buch führt den Leser durch das Warum, Was und Wie des Service Designs und veranschaulicht die Bedeutung der Nutzer und ihrer Beziehung zu Dienstleistungen.

→ **Stickdorn, Marc et al.** (2011).
This is Service Design Thinking. Wiley.
—
Das Buch stellt, für Anfänger leicht verständlich, einen interdisziplinären Service-Design-Ansatz vor. Neben einer Einführung ins Service-Design-Denken anhand von fünf Grundprinzipien zeigt es Gemeinsamkeiten und Unterschiede zwischen den verschiedenen Disziplinen des Service Designs auf. Darüber hinaus skizziert es einen iterativen Designprozess und präsentiert 25 anpassungsfähige Service-Design-Tools.

PROTOTYPING

Das klassische Prototyping ist ein Werkzeug zur Entdeckung der User Experience. Prototyping steht für eine Vielzahl von Methoden, deren gemeinsamer Nenner darin besteht, den Übergang von der Theorie zur Praxis zu befördern. Prototyping schafft sichtbare und erlebbare Produktartefakte, mit denen ein Nutzer etwas anfangen kann. Durch die Artefakte wird das Produkt zum ersten Mal greifbar. Es kann getestet und auf Basis der Testergebnisse kontinuierlich verbessert werden. An dieser Stelle beginnt ein Zyklus aus den drei Schritten Prototype, Review und Refine, der so lange wiederholt wird, bis der Prototyp fertiggestellt ist und die Construction Stage beginnen kann. Ein Prototyp ist kein → Minimum Viable Product (MVP). Ein MVP wird bereits von echten Nutzern verwendet, während ein Prototyp zunächst nur zur Veranschaulichung eines Produkts dient.

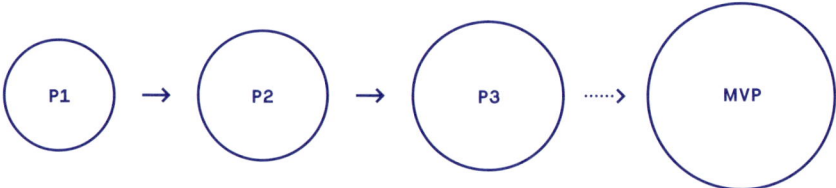

Abb. 20: Vom Prototyp zum MVP

Typischerweise fängt ein Prototyp klein an und legt im Laufe der Entwicklung an Breite und Tiefe zu, bis alle wesentlichen Aspekte des Produkts gestaltet sind. Das Paretoprinzip leistet auch hier gute Dienste, indem es den Fokus auf jene 20 Prozent der Funktionalität legt, die 80 Prozent der Nutzungszeit ausmachen. Das Spektrum des Prototypings reicht von groben Skizzen, die in frühen Phasen gute Dienste leisten können, bis zu komplexen interaktiven Simulationen, die praktisch wie das fertige Produkt aussehen und funktionieren. Wir empfehlen, so früh wie möglich mit echtem Code zu arbeiten. So kann der Übergang vom Prototyping zum MVP fließend sein. Prototyping steht und fällt mit der Einbeziehung der Nutzer. Erst ihr Feedback macht die wichtigen Lernprozesse möglich, die in dieser Phase des Product Stagings nötig sind.

Literaturempfehlungen

- **Gengnagel, Christoph et al.** (2015).
  Rethink! Prototyping: Transdisciplinary Concepts of Prototyping. Springer International Publishing.
  —
  Eher akademisch. Kernthese: Da Produkte zu multifunktionalen, interaktiven Systemen werden, ist die Zusammenarbeit über mehrere Disziplinen hinweg die einzige Möglichkeit, die entstandene Komplexität in den Griff zu bekommen. Die Autoren stellen drei Konzepte für Prototyping in interdisziplinären Teams vor.

- **McElroy, Kathryn** (2017).
  Prototyping for Designers. Developing the Best Digital and Physical Products. O'Reilly Media.
  —
  Neuerscheinung bei O'Reilly. Stellt verschiedene Methoden vor – von quick & dirty bis Hifi – und zeigt, wie Sie Prototypen mit Nutzern testen können.

- **Nudelman, Greg** (2014).
  The $1 Prototype: Lean Mobile UX Design and Rapid Innovation for Material Design, iOS8, and RWD. DesignCaffeine Press
  —
  Prototyping speziell für Mobile. Lofi-Prototyping mit Papier. Der Fokus liegt auf Mobile, Lean und UX Design.

- **Warfel, Todd Zaki** (2009).
  Prototyping: A Practitioner's Guide. Rosenfeld Media
  —
  Gut für Anfänger geeignet. Der zweite Abschnitt beschreibt ausführlich diverse Tools und ist deshalb in Teilen veraltet.

DESIGN SPRINT

Aller Anfang ist schwer – auch in der Produktentwicklung. Den Prozess zu starten und auf Tempo zu bringen erfordert Kraft und Zeit. Beides ist knapp. Jake Knapp, heute Design Partner bei Google Ventures (GV), hat einige wesentliche Elemente des Design Thinkings zu einem typischerweise fünftägigen (Product) Design Sprint komprimiert. In nur einer Arbeitswoche gelangen Sie mit dieser Methode von der Problembeschreibung zu einem mit echten Nutzern und Kunden getesteten Prototyp. Dabei geht es nicht in erster Linie um Geschwindigkeit, sondern auch um Momentum, Fokus und Vertrauen in die gefundene Lösung. Ein Design Sprint gibt dem Product Team Orientierung und hilft dabei, klar definierte Ziele zu erreichen.

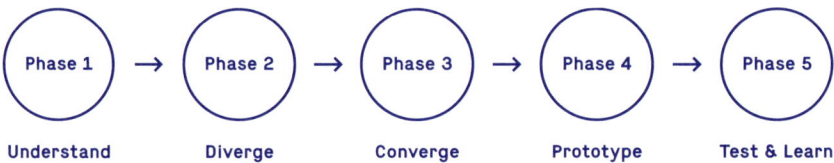

Abb. 21: Design Sprint

Ein typischer Design Sprint besteht aus fünf Phasen, die jeweils an einem Arbeitstag durchlaufen werden (siehe Abbildung 21). Das Ziel ist es, aus einer Produktidee einen Prototyp zu entwickeln und ihn zu testen. Es geht darum, die eklatantesten Wissenslücken zu füllen, die riskantesten Annahmen zu validieren oder zu widerlegen und damit die künftige Arbeit in die richtigen Bahnen zu lenken. Die fünf Phasen im Überblick:

① **Understand.** Entwickeln Sie ein gemeinsames Verständnis für das Problem, das Business, den Kunden/Nutzer, das Nutzenversprechen, die Erfolgskriterien und die größten Risiken. Arbeiten Sie in dieser Phase mit einem Business Model Canvas.

② **Diverge.** Generieren Sie Einsichten und mögliche Lösungen für das Problem Ihrer Kunden. Hier geht es um eine Vielzahl von Ideen, um den kritischen Pfad Ihrer Kunden/Nutzer vom Problem zur Lösung und um die Zieldefinition für das Prototyping.

- ③ **Converge.** Wählen Sie aus den in den ersten beiden Phasen generierten Möglichkeiten diejenige aus, die Sie weiterverfolgen wollen und können. Entwickeln Sie ein Storyboard für den Prototyp, und erfassen Sie alle darin enthaltenen Annahmen. Machen Sie dann einen Plan, wie Sie diese Annahmen testen können und wodurch sie bestätigt würden.
- ④ **Prototype.** Bauen Sie auf Basis des Storyboards einen Prototyp, den Sie mit bestehenden oder potenziellen Kunden/Nutzern testen können. Den Gegebenheiten entsprechend können Papier, Keynote oder einfaches HTML/CSS geeignete Medien dafür sein.
- ⑤ **Test & Learn.** Testen Sie den Prototyp mit bestehenden oder potenziellen Kunden/Nutzern. Beobachten und befragen Sie Kunden/Nutzer, die mit dem Prototyp interagieren. Fassen Sie die Ergebnisse zusammen, und machen Sie einen Plan hinsichtlich des weiteren Vorgehens.

Ein Design Sprint ist ein hilfreiches Werkzeug, um den Produktentwicklungsprozess zu starten und das Team auf das richtige Gleis zu setzen. Es erzeugt starkes Commitment, wenn sich ein Team für eine ganze Woche einschließt, sich auf das Produkt fokussiert und Interviews mit Kunden/Nutzern führt. Ein solcher Sprint treibt das Team vom Abstrakten zum Konkreten und damit zu messbarem Fortschritt. Er setzt den Fokus auf das, was wirklich wichtig ist, und forciert schnelle und klare Entscheidungen. Mit dem so gefundenen Vertrauen in das Produkt kann die weitere Produktentwicklung schneller und sicherer voranschreiten. Ein Design Sprint muss kein Einzelereignis bleiben. An wichtigen Wegkreuzungen und bei der Entwicklung von neuen Features oder Teilprodukten leistet er immer wieder gute Dienste.

Literaturempfehlung

Knapp, Jake et al. (2016).
»How to Solve Big Problems and Test New Ideas in Just Five Days.
Simon & Schuster.
—
Das Buch zum Design Sprint.

AGILE DEVELOPMENT

In der Entwickler-Community sind → agile Methoden wie → Scrum heute üblich. Ähnlich wie Design Thinking ist auch Agile Development eine Antwort auf das Versagen herkömmlicher linearer Methoden. Statt Entwicklungsphasen wie Research, Spezifikation und Implementierung künstlich voneinander zu trennen und zeitlich gestaffelt nacheinander durchzuführen, arbeiten in agilen Teams die Entwickler mit Product Managern und Designern zusammen, um gemeinsam die beste Lösung für das Problem des Nutzers zu finden. Der agile Ansatz steht nicht für eine einzelne Methodik. Agile Teams greifen sich vielmehr die jeweils passende Methode heraus und adaptieren sie gegebenenfalls den Umständen entsprechend. Die bekanntesten Methoden sind heute neben Scrum wahrscheinlich Kanban und Extreme Programming (XP). Die Wurzeln von Kanban reichen zu Toyota und in die 1950er-Jahre zurück.

Zu den Gemeinsamkeiten der verschiedenen agilen Methoden gehören kurze Entwicklungs- und Release-Zyklen. Dies begünstigt schnelle und häufige Tests mit dem entsprechenden Nutzerfeedback. Dadurch kommen Fehler und Irrwege schneller ans Licht als bei längeren Zyklen. Die Dauer der Zyklen – sie werden in Scrum Sprints genannt (vgl. Design Sprint) – kann von einer bis zu vier Wochen variieren. In Scrum bleibt die Länge des Zyklus typischerweise stabil, während Kanban völlig auf feste Zyklen verzichtet. In der Welt von Kanban können fertiggestellte Features sofort freigegeben werden, ohne dass auf bestimmte Termine gewartet werden muss.

Literaturempfehlungen

→ **Skarin, Mattias** (2015).
Real-World Kanban: Do Less, Accomplish More with Lean Thinking.
Pragmatic Bookshelf.
—

Vier Fallstudien zum Einsatz von Kanban und Lean Thinking in drei etablierten Unternehmen mit veralteten Systemen, Prozessen, Organisationen und Denkweisen. Alle standen unter starkem Wettbewerbsdruck und mussten Wege finden, um gleichzeitig intelligenter zu arbeiten und Ergebnisse zu liefern. Anstelle kurzfristiger Kostensenkungen oder einer Reorganisation haben sie radikal die Art und Weise verbessert, wie die Teams arbeiten, sodass es einfacher wurde, Produkte in hoher Qualität zu liefern.

→ **Stellma, Andre et al.** (2013).
Learning Agile: Understanding Scrum, XP, Lean, and Kanban.
O'Reilly Media.
—

Dieses Buch erklärt die agilen Methoden – warum sie so konzipiert sind, wie sie sind, welche Probleme sie lösen und welche Werte, Prinzipien und Ideen sie verkörpern. Neben den drei oben erwähnten Ansätzen (Scrum, XP und Kanban) stellt dieses Buch auch Lean vor.

→ **Sutherland, Jeff** (2014).
Scrum: The Art of Doing Twice the Work in Half the Time.
Crown Business.
—

Der Autor ist einer der Erfinder von Scrum. Er schildert kenntnisreich und bisweilen anekdotisch die Geschichte und Gegenwart einer der einflussreichsten agilen Methoden. Nach seinem Verständnis geht der Anwendungsbereich von Scrum weit über Software-Entwicklung hinaus.

LEAN

Der Kerngedanke der Lean-Methodenfamilie ist, alles zu eliminieren, was keinen Wert schafft, und die Arbeit strikt darauf zu fokussieren, was zum jeweiligen Zeitpunkt unbedingt getan werden muss. Der Lean-Ansatz funktioniert in Unternehmen jeder Größe, vom Start-up bis zum Großkonzern. Tatsächlich geht er (wie Kanban) zurück auf das Toyota Production System, das in den späten 1940er-Jahren entwickelt wurde. Mary und Tom Poppendieck adaptierten den Lean-Ansatz für die Software-Entwicklung, Steve Blank und Eric Ries übertrugen ihn in die Welt der Start-ups. Und unter dem Label Lean Innovation dienen Lean-Methoden als Innovationswerkzeug.

Wir empfehlen Lean-Methoden aus verschiedenen Gründen. Zum einen richten sie den Fokus strikt auf den Wert, der aus der Verwendung für den Nutzer entsteht. Zum anderen sind sie mehr als nur eine Modeerscheinung. In vielen Unternehmen aller Größen sind sie zum Teil seit Jahrzehnten gelernt, was die Adoption durch das Product Team wie auch die Adaption an die Umstände der Produktentwicklung erleichtert. Zudem harmonieren Lean-Methoden gut mit verwandten Ansätzen wie Agile Development und Design Thinking, was sie auch für die Zusammenarbeit in interdisziplinären Product Teams prädestiniert. Wie für alle in der Toolbox vorgestellten Werkzeuge gilt auch für Lean, dass es zahlreiche methodische Überschneidungen mit anderen Tools gibt. Im Hinblick auf die interdisziplinäre Zusammenarbeit ist dies ein klarer Vorteil.

Literaturempfehlungen

Blank, Steve (2013).
The Four Steps to the Epiphany. K&S Ranch Press.
—
Ursprünglich 2003 erschienen, stellt dieses Buch den herkömmlichen Prozess der Produktentwicklung vom Kopf auf die Füße. Steve Blank nennt sein Konzept „Customer Development", weil er den Fokus völlig zu Recht auf den Nutzer legt.

→ **Blank, Steve et al.** (2012).
The Startup Owner's Manual: The Step-By-Step Guide for Building a Great Company. K&S Ranch Press.

—

Lässt sich auch als Handbuch für Product Manager lesen, die eine Schritt-für-Schritt-Anleitung für den Bau eines großartigen Produkts suchen. Das Buch kombiniert Customer Development mit dem Lean-Start-up-Ansatz.

→ **Poppendieck, Mary et al.** (2003).
Lean Software Development: An Agile Toolkit.
Addison-Wesley Professional.

—

Das Buch zeigt die traditionellen Lean-Prinzipien in einer für die Software-Entwicklung modifizierten Form und präsentiert einen Satz von 22 Werkzeugen. Ein Muss für Product Manager, technische Führungskräfte und alle, die auf den Software-Entwicklungsprozess Einfluss nehmen wollen.

→ **Ries, Eric** (2011).
The Lean Startup: How Today's Entrepreneurs Use Continuous Innovation to Create Radically Successful Businesses. Crown Business.

—

Eric Ries folgt einer unerbittlichen Logik, und seine Empfehlungen sind ein Schlag ins Gesicht für Möchtegern-Tech-Mogule: Testen Sie Ihre Ideen, bevor Sie Ihren Kopf darauf verwetten. Hören Sie nicht auf das, was Fokusgruppen sagen, sondern beobachten Sie, was Ihre Nutzer tun. Fangen Sie mit einem simplen Produkt an, und erweitern Sie das, was sich als wertvoll erweist. Erwarten Sie Fehler, und bleiben Sie flexibel genug, um so lange zu testen und zu probieren, bis Sie richtigliegen.

→ **Sehested, Claus et al.** (2011).
Lean Innovation: A Fast Path from Knowledge to Value. Springer-Verlag.

—

Die Autoren stellen eine Reihe von Prinzipien vor, die Führungskräfte nutzen können, um Innovationsprozesse besser zu leiten, und diskutieren Methoden, die in der Lage sind, Ergebnisorientierung und kontinuierliches Lernen in den wichtigsten Innovationsprozessen zu steigern.

TEIL III – PLAYBOOK

TESTING

Eines der häufigsten Missverständnisse beim Thema → Testing ist die Annahme, es gehe hierbei vor allem um Usability-Tests und funktionale Code-Tests, also um Tests der Benutzbarkeit sowie der programmierten Software. Beides ist zwar wichtig und richtig, doch hat es keinen Sinn, ein Produkt nutzbar zu machen, wenn niemand es überhaupt benutzen möchte. Die wichtigsten Fragen sind deshalb: Wollen die Nutzer das Produkt? Lieben sie es? Und werden sie es verwenden?

Warten Sie nicht, bis Ihr Produkt fertig ist, bevor Sie sich diese Fragen stellen und sie beantworten. Änderungen zu diesem Zeitpunkt sind teuer, aufwendig und frustrierend im Vergleich zu Korrekturen vor dem Start. Sie sparen eine Menge Zeit, Geld und Ärger, wenn Sie Nutzer das Produkt so früh wie möglich im Product Staging testen lassen. Durch frühzeitiges Testing, am besten schon in der Lab-Phase, finden Sie schnell heraus, ob die Nutzer das Produkt in ihren Alltag integrieren, ob es ein tatsächliches Bedürfnis befriedigt und welche Änderungen gegebenenfalls nötig sind.

Auf der Basis frühzeitiger Nutzertests können Sie schnell die Richtung der Produktentwicklung korrigieren, bevor Sie zu viel Zeit und Geld in die Entwicklung investiert haben. Das Risiko eines späteren Flops wird so deutlich verringert. Verwenden Sie während der Research-Phase zunächst Zeit auf die Erkundung des Problemraums. In dieser Phase müssen Sie herausfinden, ob das Problem, das Sie zu lösen versuchen, überhaupt ein Problem ist, das gelöst werden muss.

Dabei lernen Sie auch, wie andere Menschen derzeit mit dem Problem umgehen. Welche anderen Werkzeuge verwenden sie? Haben sie irgendwelche Workarounds entwickelt, um dem Problem zu begegnen (oder es zu vermeiden)? Wie frustriert sind sie aufgrund des Problems? Sobald Sie ein klares Bild von dem zu lösenden Problem haben, beginnen Sie, hypothetische Lösungen zu entwickeln. Zu diesem Zeitpunkt sollten Sie mit verschiedenen Ansätzen experimentieren, auch wenn diese noch nicht ganz richtig sind. Testen Sie die ersten Prototypen sofort mit Nutzern. So vermeiden Sie, zu viel Zeit zu verschwenden, und können auf der Grundlage von Nutzerfeedback iterieren.

In diesem Stadium ist es wichtig, Feedback von Ihrem Zielmarkt einzuholen, nicht von Ihren Kollegen oder Freunden. Sie brauchen ehrliche und unvoreingenommene Meinungen. Fragen Sie Nutzer, wie das Produkt in ihr Leben passen könnte. Achten Sie auf jede Emotion (oder Apathie), die zum Ausdruck kommt. Sobald Sie eine klarere Vorstellung davon haben, in welche Richtung sich Ihr Produkt entwickelt, können Sie das Nutzerfeedback dazu verwenden, um Ihre Idee zu verfeinern, unnötige Funktionen zu entfernen und alles hinzuzufügen, was noch fehlt. Fragen Sie die Nutzer, was sie ändern würden. Testen Sie interaktive Prototypen mit einem Werkzeug wie InVision. Lassen Sie die Nutzer das Produkt erkunden, und beobachten Sie, ob sie schnell herausfinden, was sie tun müssen. Kontinuierliche Nutzertests helfen Ihnen schließlich, über die reine Nutzerfreundlichkeit hinauszukommen und ein Produkt zu entwickeln, dass die Nutzer wollen, lieben und nutzen.

Literaturempfehlungen

- **Hansen, Jared** (2015).
  How to Jumpstart User Testing: 16 Tools to Craft Better Products. Silver Fox Marketing Group.
  —
  Dieses Handbuch stellt kurz und knapp 16 verschiedene Methoden für die Durchführung von Nutzertests vor.

- **Wolpers, Stefan** (2015).
  Lean User Testing: A Pragmatic Step-by-Step Guide to User Tests. Berlin Product People.
  —
  Kurze, fokussierte, pragmatische Anleitung für alle, die Produkte entwickeln: Product Manager, Developer und Designer (UX/UI). Das Buch bietet alles, was Sie wissen müssen, um mit Ihren Nutzertests starten zu können.

TEIL III – PLAYBOOK

LEAN ANALYTICS

Richtig eingesetzt ist Analytics eines der schärfsten Werkzeuge in der Toolbox der Produktentwicklung. Eine Faustregel: Sobald echter Code und echte Nutzer zum ersten Mal aufeinandertreffen, sollte auch der Analytics-Code dabei sein – spätestens also in der Construction Stage. Schon in sehr frühen Entwicklungsphasen liefert die Analyse des Nutzerverhaltens wertvolle Erkenntnisse für die weitere Produktentwicklung. Genauso wie Testing hilft Analytics dabei, Hypothesen zu überprüfen. Während Testing qualitatives Feedback liefert, zeigt Analytics quantitative Ergebnisse. Deshalb ergänzen sich diese beiden Tools hervorragend.

Dem Ansatz der Lean Analytics folgend, sollte der Fokus stets auf Metriken liegen, die konkrete Handlungsimpulse auslösen. So ist zwar eine wachsende Nutzerzahl eine auf den ersten Blick attraktive Metrik, doch lassen sich daraus kaum konkrete Maßnahmen ableiten. Eine sinkende Conversion Rate hingegen ist ein echtes Alarmsignal, das eine sofortige Reaktion erfordert. Wenn Nutzer schlechter konvertieren, dann muss die Ursache gefunden und behoben werden – die Produktentwicklung ist offensichtlich in der falschen Richtung unterwegs.

Wenn Sie dem Lean-Analytics-Ansatz folgen, steht in jeder Iteration des Product Stagings genau eine Metrik im Fokus, an deren Verbesserung das Product Team zu diesem Zeitpunkt gerade arbeitet. Dazu gehören ein konkretes Ziel – ein Wert, der erreicht werden soll – und eine mögliche Verbesserung. Daraus entwickeln Sie eine Hypothese und einen Test oder eine Produktveränderung, um die Hypothese zu überprüfen. Aus der Messung der Ergebnisse ist ersichtlich, ob die angestrebte Verbesserung erreicht wird oder nicht. In Abhängigkeit vom Ergebnis beginnt der Zyklus aus den Elementen Metrics, Hypothesis, Experiment und Act von vorn.

Literaturempfehlungen

→ **Croll, Alistair et al.** (2013).
Lean Analytics: Use Data to Build a Better Startup Faster. O'Reilly Media.
—

Das Buch zeigt praktische, bewährte Schritte für den Weg von der ersten Idee zum fertigen Produkt auf. Ein Leitfaden für Praktiker, nicht nur in Start-ups, mit mehr als 30 Fallstudien und basierend auf Interviews mit über 100 Gründern und Investoren.

→ **Foreman, John W.** (2013).
Data Smart: Using Data Science to Transform Information into Insight. Wiley.
—

Der Autor erklärt die Konzepte hinter Data-Science-Methoden an konkreten Beispielen. Das Buch eignet sich sehr gut für Manager, die ein grundlegendes Verständnis entwickeln wollen.

→ **Kaushik, Avinash** (2009).
Web Analytics 2.0: The Art of Online Accountability and Science of Customer Centricity. Sybex.
—

Das Buch ist für Einsteiger gut geeignet und bietet eine Übersicht über die Best Practices der meisten Analytics-Themen.

TEIL III – PLAYBOOK

Product Factory

Die Entwicklung digitaler Produkte bleibt ein Innovationsgeschäft. Das gilt erst recht für Produkte mit einer transformationalen Ambition. Einzelne Innovationen können für Unternehmen scheitern, aber die Summe der Wetten muss aufgehen. Dieses Spiel beherrschen wahrscheinlich unter den klassischen Industrien die Pharmaunternehmen am besten. Das Scheitern ist quasi Programm – es geht nur darum, an den richtigen Stellen zu scheitern. Was können wir von ihnen lernen?

Pharmaunternehmer müssen paranoid sein, weil sie stets eine Verabredung mit dem Tod im Kalender stehen haben. Ihre Blockbuster-Produkte, die den Löwenanteil der Ergebnisse in die Kassen spülen, verlieren nach spätestens zehn bis 15 Jahren ihren Patentschutz, und der Markt wird nach Ablauf dieser Periode regelmäßig mit günstigen Generika überflutet. Im arithmetischen Mittel würden also selbst die größten Pharmakonzerne in weniger als acht Jahren von sämtlichen heutigen Ertragsbringern abgeschnitten sein – wenn sie nicht erfolgreich eine robuste Produktpipeline für die Umsätze von morgen managen würden.

Wie wir im ersten Teil des Buches gesehen haben, führt Moore's Inflation der Hardware in Verbindung mit Netzwerkeffekten auf der Software-Seite zu einer immer schnelleren Diffusion disruptiver Produkte. Die Pharmabranche lebt schon heute in den Marktbedingungen des digitalen Zeitalters: Die Produkte von heute sind nicht die Produkte von morgen, und sie sterben immer schneller. Folgende Prinzipien für ein erfolgreiches Management von digitalen Produktinnovationen lassen sich von Pharmaunternehmen lernen:

1. **Aufbau einer robusten Produktpipeline.** Die meisten Produktwetten auf neue Medikamente gehen nicht auf. Pharmaunternehmen investieren signifikante Beträge, oft Milliardensummen, in Produktinno-

vationen. Häufig scheitert ein Medikament noch in der letzten klinischen Studie – nach jahrelanger Arbeit. Scheitern ist kulturell verankert, denn übermäßiger Erfolgsdruck auf einzelne Produkte könnte die Teams zur Manipulation von Tests verleiten – mit eventuell katastrophalen Folgen für Patienten und Image des Unternehmens. Die Unsicherheit wird durch ein großes Portfolio an parallelen Produktkandidaten mitigiert. Pharmaunternehmen bauen sich in der Forschung einen großen Trichter von Produktideen auf und verwandeln diesen auf der Basis eines strikten Prozesses in eine robuste Produktpipeline, um am Ende mit hinreichend großer Wahrscheinlichkeit eine Handvoll Blockbuster-Kandidaten für die Vermarktung destillieren zu können.

(2) **Hohe Investments in die frühen Research und Lab Stages.** Pharmaunternehmen investieren überproportional hohe Summen in den Aufbau einer mächtigen Produktpipeline. Oder in der Sprache der Transformationalen Produkte: Es ist wichtiger, das richtige Produkt zu entdecken, als es richtig zu bauen. Nicht zufällig sind Pharma und Biotech die Branchen mit dem größten Anteil an Ausgaben für Forschung und Entwicklung (F&E): Im Jahr 2014 lag der Anteil der F&E-Ausgaben bei 14,4 Prozent. Nur so können sie ihre Produktpipeline mit vielversprechenden Neuentwicklungen füllen. Zum Vergleich: Die F&E-Ausgaben der Automobilindustrie liegen, gemessen am Umsatz, nur bei einem knappen Drittel davon (2014: 4,4 Prozent).

(3) **Triple Play im Innovationsmanagement.** Eigene Forschung ist für Pharmaunternehmen wichtig. Aber auch hier sorgt die Digitalisierung für eine steigende Dynamik – beispielsweise durch die Revolution der CRISPR/Cas9-Methode, mit der sich das Genom, grob vereinfacht, so einfach editieren lässt wie Dokumente mithilfe eines Textverarbeitungsprogramms. Um dieser Dynamik gerecht zu werden, wird die Produktpipeline daher aus unterschiedlichen Quellen gespeist: Eigenforschung, Auftragsforschung und Zukauf von Start-ups, deren Produkt bereits die ersten Stages erfolgreich durchlaufen hat und großes Marktpotenzial besitzt.

(4) **Management von Unsicherheit.** Pharmaunternehmen sind prozesssicher im Management von Unsicherheit. Sie sind konsequent im Auf-

bau der Produktpipeline und steuern einen definierten Staging-Prozess sowie harte Gates. So können sie die Ressourcen mit hinreichender Sicherheit auf die erfolgversprechendsten Kandidaten konzentrieren.

⑤ **Schnelle Skalierung und Vermarktung.** Für die Vermarktung der Produkte bleibt nur wenig Zeit. Pharmaunternehmen sind exzellent darin, neu entwickelte Produkte nach der Zulassung in kürzester Zeit global zu vermarkten. Die Kooperation von Produktentwicklung, -zulassung und -vermarktung ist eingespielt, und für jede Phase und in jedem Team werden unterschiedliche (Teil-)Kulturen gepflegt.

Diese fünf Prinzipien bilden die Blaupause für den letzten Schritt in unserem Playbook. Das Product Team übergibt am Ende der erfolgreichen Greenhouse Stage das Transformationale Produkt an die Product Factory. Vorher hat es bewiesen, dass das Produkt in einem Pilotmarkt bzw. -segment funktioniert und grundsätzlich skalierungsfähig ist.

Die Aufgabe der Product Factory ist es nun, das Produkt erfolgreich über Märkte und Nutzersegmente hinweg zu industrialisieren. Wir vertreten die These, dass sich große Organisationen nur durch Produkte digital transformieren können, die die Zukunftsfähigkeit des Unternehmens in den Augen der Mitarbeiter erkennbar erhöhen. Die Unternehmung wandelt sich also als Product Factory durch die Industrialisierung erfolgreicher Transformationaler Produkte. Das mentale Modell hierfür ist eine → Two-Speed Organisation: auf der einen Seite schnelle, agile Product Teams mit einem spezifischen Mindset auf Trial & Error im Product Creating, auf der anderen Seite eine robuste Product Factory, die nachgewiesene Erfolgsprodukte prozesssicher skaliert und inkrementell verbessert. Beide Bereiche haben ihre Berechtigung und Stärken und formen zusammen eine resiliente Gesamtorganisation.

Der stete Strom an Transformationalen Produkten definiert schließlich die Produktkategorie neu und transformiert den Markt – und in der Rückkopplung auch das Unternehmen. Die Abbildung 23 zeigt diesen Prozess am Beispiel von Amazon, Uber und Tesla.

PRODUCT FACTORY

TEIL III – PLAYBOOK

TRANSFORMATIONALE PRODUKTPIPELINE

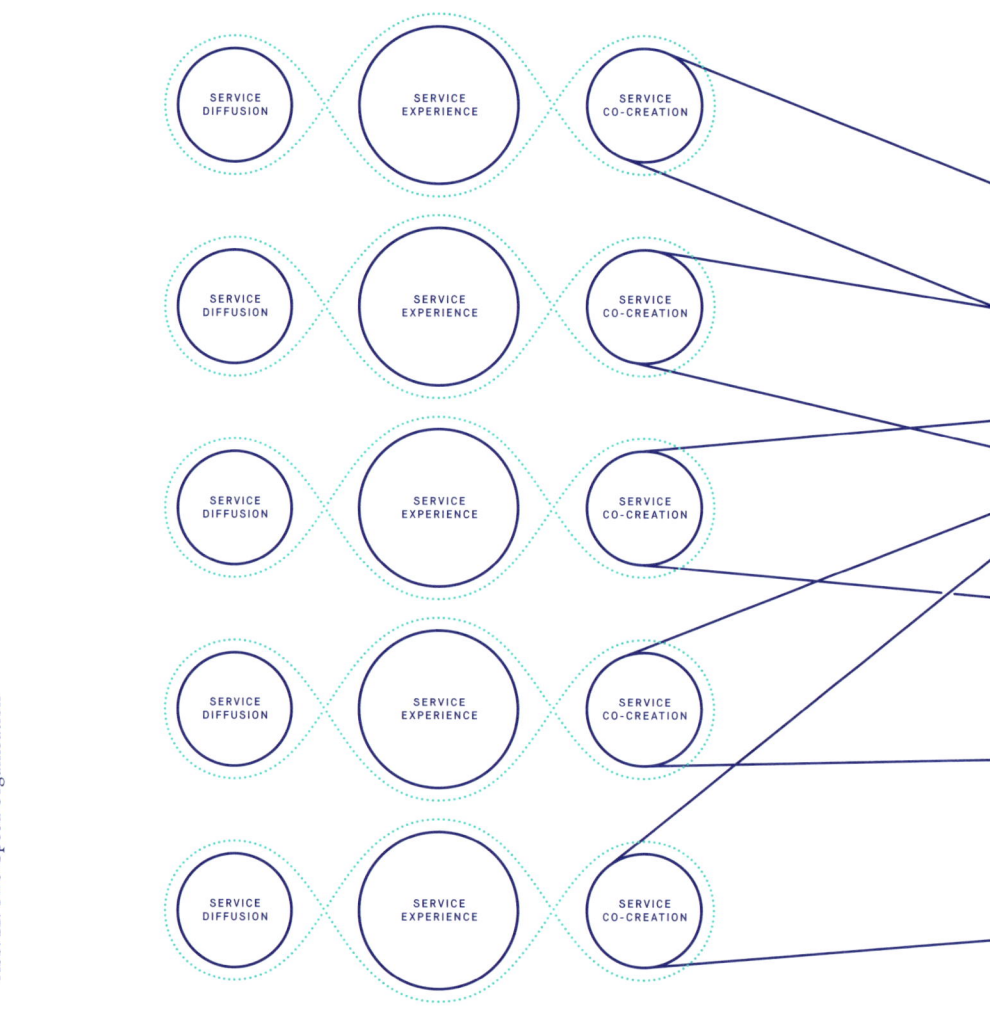

Abb. 22: Two-Speed Organisation

PRODUCT CREATING: „Die richtigen Dinge tun"

COMPANY TRANSFORMATION

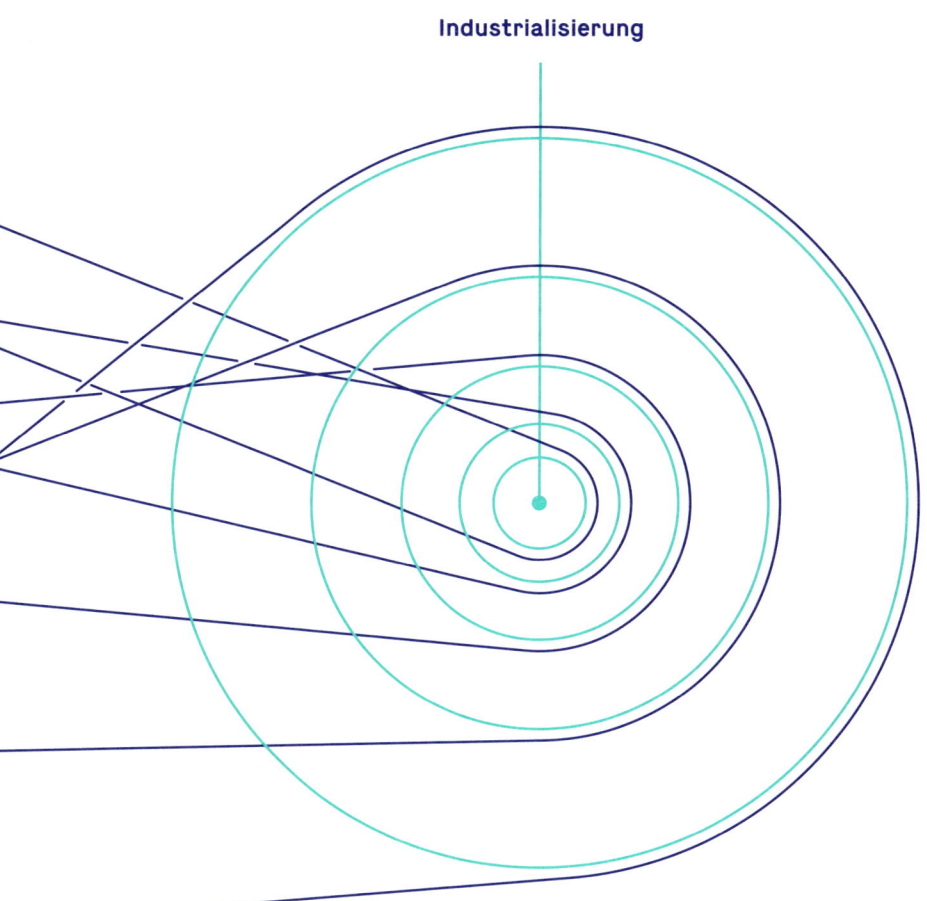

PRODUCT FACTORY: „Die Dinge richtig tun"

TEIL III – PLAYBOOK

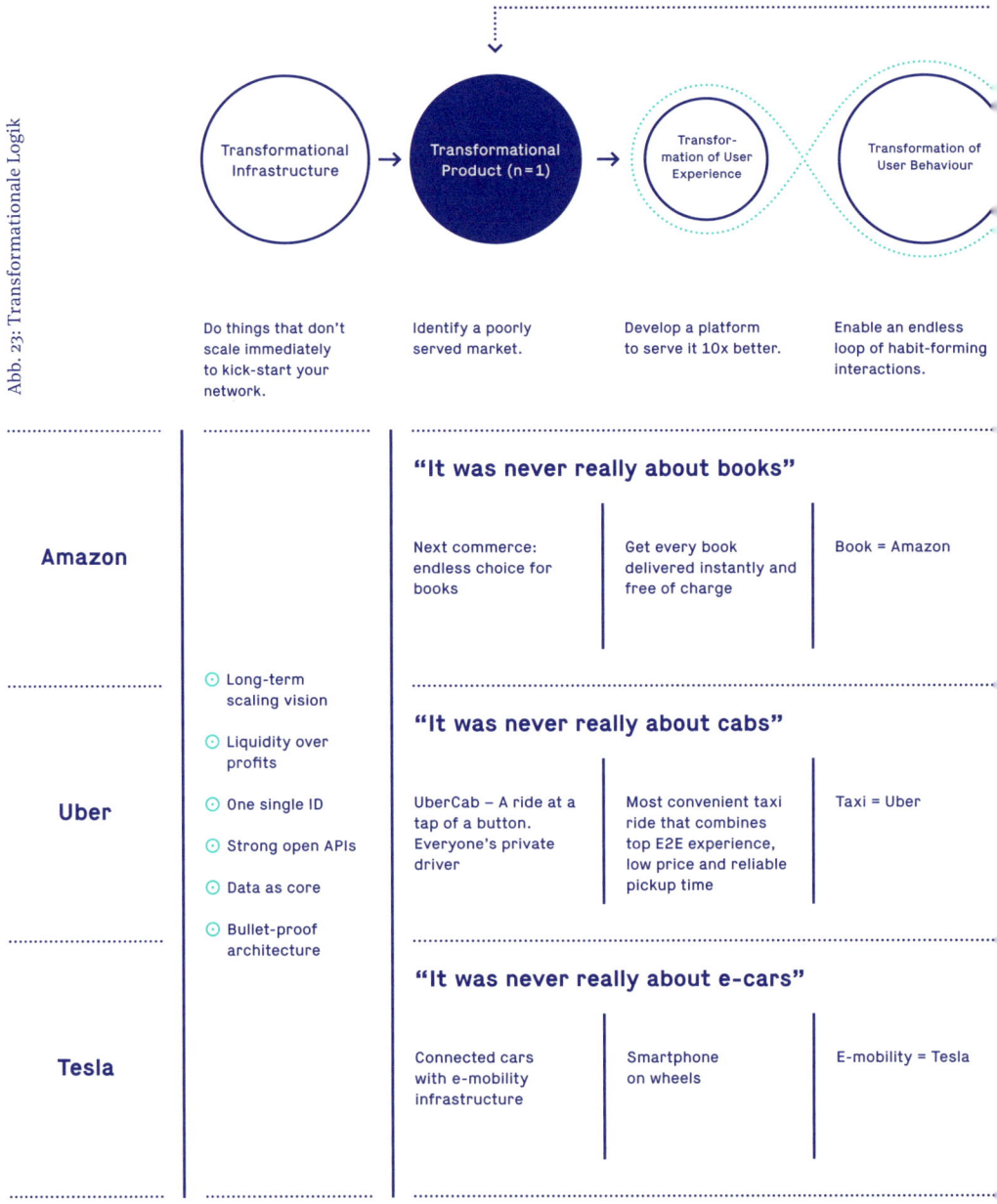

Abb. 23: Transformationale Logik

PRODUCT FACTORY

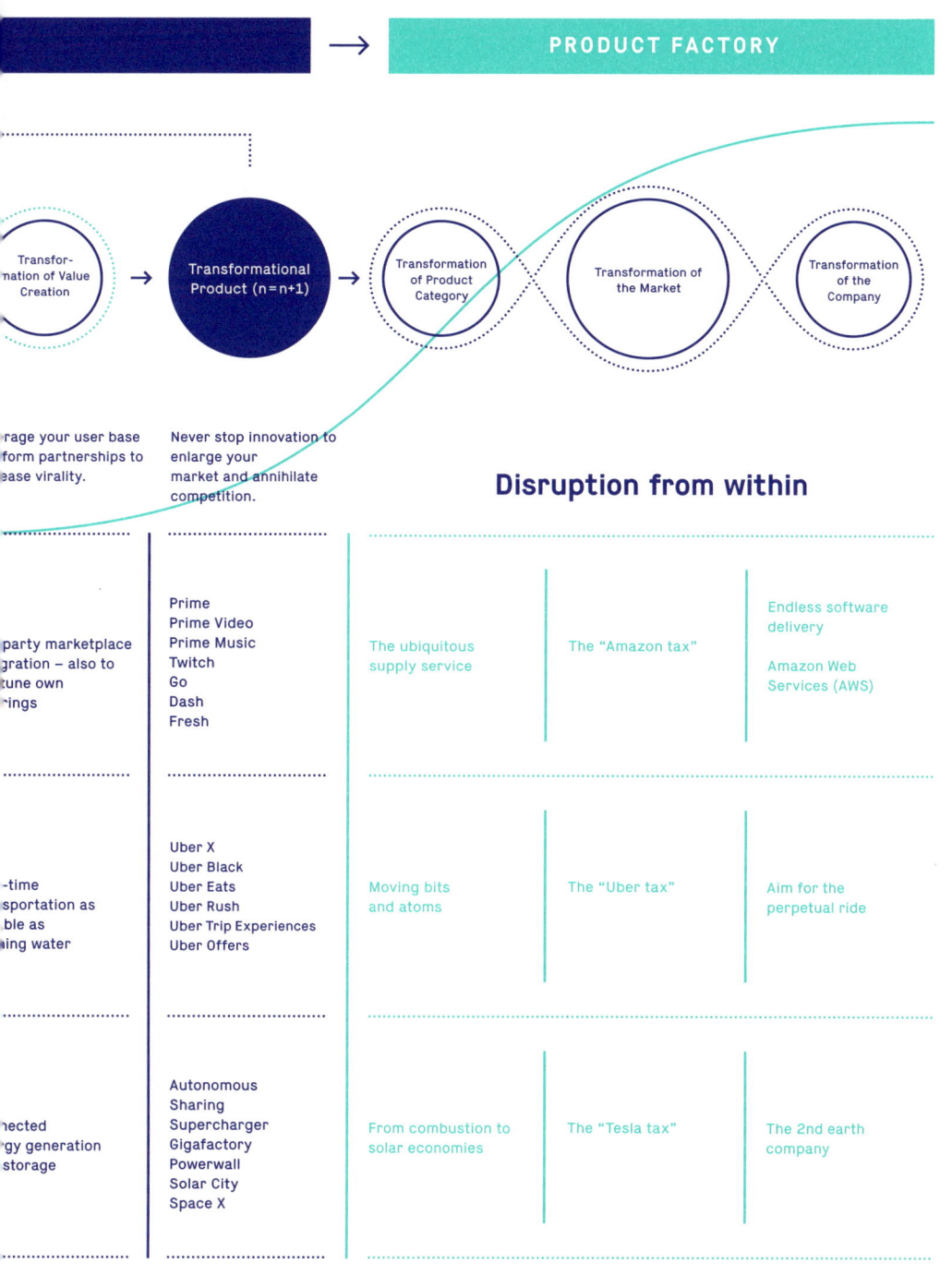

Disruption from within

EPILOG

Epilog

Im ersten Teil des Buches haben wir zunächst die mächtigen Unterströmungen der Casual Economy beleuchtet: die Durchdringung unseres Alltags mit Technologie und den darauf aufbauenden Plattformen von Google, Apple, Facebook, Amazon und Co. Immer kreisten wir dabei um die Frage, warum die radikale Fokussierung auf die Entwicklung einer eigenen digitalen Produktpipeline überlebenswichtig geworden ist. Wir zeichneten nach, wie sich die Business-IT innerhalb eines halben Menschenalters zum Personal Computer transformierte und warum die Vernetzung der eigentliche Wesenskern der Digitalisierung ist.

Während die Netzpioniere sich Anfang der 1990er-Jahre nur für wenige Minuten täglich ins Internet einwählten, sind unsere heutigen Smartphones 24 Stunden am Tag mit dem Netz verbunden. Damit wurde das Netz auch Teil unseres Alltags: Rund 150-mal greift der durchschnittliche Nutzer pro Tag zu seinem Smartphone, dessen Dienste immer mehr auf ihn zugeschnitten sind. Mit dem Smartphone organisiert man sein Sozialleben – gelegentlich ersetzt es dieses sogar – und vertreibt sich die Zeit. Vor allem aber wird der persönliche Konsum immer öfter über die kleinen Touchscreens gelenkt. Mit drei schnellen Tippgesten bestellen wir ein neues Gadget, leihen uns einen Film und rufen ein Taxi.

Deutlich unbequemer ist jedoch die Entwicklung aus Sicht der Unternehmen. Wenn diese neue und bestehende Kunden erreichen wollen, kommen sie an den großen Knotenpunkten des Netzes nicht vorbei. Die digitalen Pure Player und hier insbesondere die GAFA sind zum Gatekeeper zwischen Unternehmen und Nutzern geworden. Gemeinsam verschieben die GAFA Wertschöpfung und Margen immer mehr zu ihren Gunsten. Kein Wunder, dass ihre Marktkapitalisierung mittlerweile die der gesamten DAX-30-Unternehmen deutlich übersteigt.

Aus dieser Umklammerung ergibt sich die Notwendigkeit, Produkte zu entwickeln, die unabhängig von den GAFA sind. Produkte, die sich ohne Reibungswiderstand in den Alltag der Menschen integrieren. Vieles, was aktuell unter dem Stichwort „Digitale Transformation" verhandelt wird, konzentriert sich stark auf Kultur und Prozesse. Der Sound, mit dem unzählige Berater ihre Kunden beschallen, sind die Ohrwürmer der kalifornischen Start-up-Kultur. Sneaker und Jeans bilden den neuen Mainstream auf den Business-Bühnen, flache Hierarchien und agile Methoden das neue Mantra.

Das ist alles per se nicht völlig falsch, hilft jedoch auch leider nicht. Neue Prozesse und ein Kultur-Update sind notwendige, aber keine hinreichenden Bedingungen, um im digitalen Zeitalter erfolgreich zu sein. Es reicht nicht aus, auf den geführten Show-of-Force-Touren im Silicon Valley zu studieren, wie auf den Decks von Google, Facebook oder Uber verkniffen-locker gearbeitet wird, denn das Wie ist selten der Schlüssel zum Erfolg.

Was übersehen wird: Diese → Unicorns gehören zu den extremen Ausnahmen, die es geschafft haben. Die allermeisten Start-ups scheitern jedoch – obwohl sie eine ähnliche Kultur besitzen und mit den gleichen Methoden und Prozessen wie ihre (sehr seltenen) Vorbilder arbeiten. Auch bei den Gescheiterten findet man keine Wasserfallmodelle, abgeschotteten Silos und strenge Hierarchien. Und wer Gelegenheit hatte, sich intensiver mit den Managementkulturen von Google, Apple, Facebook oder Amazon zu beschäftigen, wird feststellen: Diese sind höchst unterschiedlich. Denn „die" digitale Unternehmenskultur gibt es gar nicht. Eine Best-Practice-Blaupause, die man nur selbst implementieren braucht, ist eine PowerPoint-Illusion.

Die Zukunft liegt nicht darin, die Methoden und den kulturellen Habitus von Start-ups zu simulieren. Wesentlich ist es vielmehr, die richtigen Produkte zu entwickeln: digitale Produkte, die eine Chance auf einen Blockbuster-Erfolg haben und damit auch einen signifikanten Umsatz- und Ergebnisbeitrag realisieren können. Kultur allein bezahlt keine Gehälter.

Das Innovationsdilemma zu knacken, bleibt eine Herausforderung. Einerseits, weil die Organisation darauf getrimmt ist, Bestehendes inkrementell zu verbessern und im Hinblick auf Effizienz zu optimieren. Andererseits, weil das Immunsystem von Unternehmen gegenüber allem, was das Bestehende zerstören könnte, hinreichend robust wirkt. Was Arbeitsplätze und Karrieren gefährdet, wird bekämpft.

Hinzu kommt die Unsicherheit, welche der möglichen Produktinnovationen am Ende überhaupt Erfolg am Markt haben werden. Der Blick in den Rückspiegel verführt häufig zur Postrationalisierung. War es beispielsweise wirklich zwangsläufig, dass sich Google durchsetzen würde? Suchmaschinen gab es schließlich schon lange vorher. Wer konnte ahnen, dass ein 1994 in Seattle gegründeter Buchversender der größte Retailer der Welt werden würde? Warum hat sich Facebook durchgesetzt und nicht die vielen anderen sozialen Netzwerke davor?

Warum sich bestimmte Produkte durchsetzen und ein Momentum entwickeln, hat viel mit Timing und – öfter als wir es uns eingestehen wollen – den Zufällen des Lebens zu tun. Es ist unmöglich, am Anfang des Weges zu bewerten, ob und warum sich ein Produkt behaupten wird. Nur wenige von vielen Tausend Neugründungen verändern tatsächlich die Welt. Start-ups und Kapitalgeber spielen auf Risiko. Unternehmen hingegen würfeln nicht. Planung und Risikominimierung sind ihre konstituierenden Säulen. Deshalb haben wir in diesem Buch nicht nur die Eigenschaften, den Code, Transformationaler Produkte herausgearbeitet, sondern im dritten Teil auch ein Playbook vorgestellt, das die Entwicklung sowohl einzelner als auch paralleler Produktinitiativen aufzeigt.

Der Fokus auf den dominierenden Erfolgsfaktor Produkt zwingt die Organisation darüber hinaus, sich sehr fokussiert mit dem konkreten Wertschöpfungsbeitrag zu beschäftigen, den sie für ihre Kunden erbringen. Gelingt die Entwicklung dieser Produkte erfolgreich, dann ändern sich Märkte und transformieren sich Unternehmen von allein. Jede Organisation schaut darauf, welche Produkte und Leistungen tatsächlich im Markt resonieren. Wo die Zukunft des Unternehmens erkennbar wird, liegen auch die Karrierechancen der Mitarbeiter, und ihr Verhalten passt sich an die neuen Muster an.

Bei SinnerSchrader beschäftigen wir uns seit 20 Jahren mit der Entwicklung digitaler Produkte. Angefangen haben wir mit Start-ups wie Intershop, Ricardo, libri.de und buecher.de, deren Produkte in kürzester Zeit börsenreif waren. Heute sind unsere Kunden meistens große DAX-Konzerne. Eines haben wir in diesen Jahren gelernt: Man muss radikal handeln. Das Wort radikal, von lateinisch radix, bedeutet Wurzel. Die Wurzel der Veränderung liegt in der Kreierung von nutzenstiftenden Produkten. Nur diese transformieren das Verhalten von Menschen – auf der Ebene einzelner Nutzer, von Märkten und schließlich von Unternehmen.

Die Entwicklung Transformationaler Produkte ist hart, nicht linear planbar, oft frustrierend, und es müssen auf dem Weg dorthin immer wieder schwierige Entscheidungen getroffen werden. Wir sind aber überzeugt, dass dieser Weg die große Chance bietet, im digitalen Zeitalter erfolgreich zu sein. Wir hoffen, dass dieses Buch hierzu einen kleinen Beitrag leisten kann.

GLOSSAR

Glossar

agile: beschreibt iterative Methoden der Software- und Produktentwicklung mit kurzen Release-Zyklen wie → Scrum, Kanban oder Extreme Programming (XP).

Application Programming Interface (API): Schnittstelle für die Anwendungsentwicklung. Dient der Erweiterbarkeit eines Produkts durch externe Entwickler.

Artificial Intelligence (AI): → Künstliche Intelligenz (KI)

Atomic Design: eine Methodologie, bestehend aus fünf verschiedenen Stufen, um hierarchisch strukturierte Interface-Designsysteme zu erstellen. Die fünf Stufen sind: Atome, Moleküle, Organismen, Templates (Vorlagen) und Seiten. → Frost, Brad (2016)

Average Revenue per User (ARPU): durchschnittlicher Umsatz pro Nutzer, zum Beispiel einer Website.

Canvas: eine Vorlage für die Entwicklung neuer oder Dokumentation bestehender Geschäftsmodelle. Es handelt sich um ein visuelles Diagramm mit Elementen, die zum Beispiel das Nutzenversprechen, die Infrastruktur, die Kunden und die Geldströme eines Unternehmens oder eines Produkts beschreiben.

casual: entspannt und unbekümmert, freundlich und unprätentiös.

Casual Economy: durch die Durchdringung unseres Alltags mit digitalen Convenience-Diensten ausgelöste Transformation der Wirtschaft. Treiber dieser Entwicklung sind vor allen Dingen die Plattform-Unternehmen Google, Apple, Facebook und Amazon (kurz: → GAFA).

Co-Creation: der Gedanke, dass der Wert eines Produkts nicht zu denken ist, ohne den Nutzer als → Co-Creator mit einzubeziehen. Einer der Grundgedanken der → Service-Dominanten Logik.

Co-Creator: → Co-Creation

Consumerization: der Prozess der Proliferation von Computertechnologie, die ursprünglich ausschließlich Experten vorbehalten war, in die Hände von Konsumenten.

Conversion Rate (CR): der Prozentsatz der Nutzer, die eine nachgelagerte Ebene in einem Bestell- bzw. Kaufprozess erreicht haben. Konversionsraten sind wichtige Kennzahlen zur Messung des Werbeerfolgs und der Effizienz einer Website.

Cost per Acquisition (CPA): die Kosten pro Akquisition, die auch als Pay per Acquisition (PPA) und Cost per Conversion (CPC) bezeichnet werden, sind ein Online-Werbepreismodell, bei dem der Werbungtreibende für jede spezifizierte Akquisition – zum Beispiel eine Impression, einen Klick, das Absenden eines Formulars (Anfrage, Newsletter-Anmeldung, Registrierung etc.), ein Double-Opt-in oder einen Verkauf – zahlt.

GLOSSAR

Customer Journey: die → User Experience eines Produkts über große und kleine Touchpoints (Berührungspunkte) hinweg, an denen ein Nutzer mit einem Produkt oder einer Organisation interagiert.

Customer Journey Mapping: die grafische Darstellung der → Customer Journey.

Deep Learning: ein Zweig des → Machine Learning, basierend auf Algorithmen, die in mehrstufigen Netzen anhand von echten Daten lernen.

Deep Packet Inspection: eine Form der Filterung von Datenpaketen, die den Datenteil (und möglicherweise auch den Header) eines Pakets auf Protokollverletzungen, Viren, Spam und Einbruchsversuche oder nach anderweitig definierten Kriterien untersucht, um zu entscheiden, ob das Paket ans Ziel weitergeleitet werden kann oder ob es an ein anderes Ziel weitergeleitet werden muss. Kann auch zur Kontrolle des Internets durch Staaten und Behörden eingesetzt werden.

Design Thinking: eine universelle Methode zur Lösung von Problemen mittels Design. Im Zentrum steht die Empathie für den Nutzer.

Desirability: Attraktivität für den Nutzer. Ohne → Utility und → Usability kann Desirability nicht entstehen.

Digitale Transformation: die fortschreitende Digitalisierung und ihre Auswirkungen auf das Konsumentenverhalten, die damit verbundenen Märkte und die Organisation der Unternehmen. Im weiteren Sinne auch die Veränderung der gesamten Gesellschaft.

Distributed Denial-of-Service (DDoS): ein verteilter Angriff, bei dem mehrere Systeme die Bandbreite oder die Ressourcen eines Zielsystems, in der Regel einen oder mehrere Webserver, überfluten. Ein solcher Angriff ist oft das Ergebnis mehrerer kompromittierter Systeme (zum Beispiel eines Botnetzes), die das Zielsystem mit Datenverkehr überschwemmen. Ein Botnetz ist ein Netzwerk von Zombie-Computern, die Befehle ohne das Wissen ihrer Eigentümer ausführen.

Edge Case: ein Problem oder eine Situation, die nur in Extremfällen auftritt, zum Beispiel bei maximalen oder minimalen Parametern.

End-to-End: schließt alle Phasen eines Prozesses ein. Ein Product Team mit End-to-End-Verantwortung ist für den gesamten Prozess zuständig.

Feasibility: → feasible

feasible: (technisch) möglich, machbar und (organisatorisch) praktikabel, umsetzbar.

Fidelity: der Grad der Nähe eines Prototyps zum späteren fertigen Produkt. Low Fidelity (Lofi) oder High Fidelity (Hifi).

FMCG: Fast-Moving Consumer Goods, wörtlich: schnelldrehende Konsumgüter. Waren des täglichen Bedarfs.

Full-Stack: eigentlich Entwickler, die sowohl mit Backend- als auch mit Frontend-Technologien arbeiten, die also genauso mit Datenbanken wie mit PHP, HTML, CSS, JavaScript und allen Technologien dazwischen umgehen können. Im erweiterten Sinne Product Teams, die sich um jeden Aspekt ihres Produkts kümmern, also außer um Software auch um Hardware, Design, Marketing, Supply Chain Management, Vertrieb, Partnerschaften, Regulierung etc.

Functions-on-Demand: die Freischaltung zusätzlicher Funktionen einer vorhandenen Hardware, z.B. durch Software-Updates und gegen Aufpreis.

GAFA: Sammelbezeichnung für die vier großen Akteure in der digitalen Welt: Google, Apple, Facebook und Amazon.

Gate: im Sinne von → Stages & Gates (Tore).

Great Firewall of China: ein Begriff mit ironischen Konnotationen, der für die Regulierung, Kontrolle und Zensur des Internets in China steht.

Growth Hacker: kombiniert den Fokus auf Wachstum mit dem Coding als Mittel zu diesem Zweck und baut das Marketing in das Produkt selbst ein.

Hacken: die Tätigkeit eines Hackers, also eines Computerexperten mit der Fähigkeit, in Computersysteme und -netze eindringen zu können. Im übertragenen Sinne die Fähigkeit, in gut gesicherte Märkte eindringen zu können.

Internet of Things (IoT): die Verbindung physischer Gegenstände und Produkte mit dem Internet und damit die Vernetzung der physischen Welt.

Künstliche Intelligenz (KI): ein Teilgebiet der Informatik, das sich mit der Automatisierung intelligenten Verhaltens befasst. Ziel ist die Nachbildung der menschlichen Intelligenz.

Legacy: Altlast.

Living Styleguide: ein lebendiges Stück Code, das alle verschiedenen Designelemente und -module einer Website oder Anwendung beschreibt. Neben der Konsolidierung des Frontend-Codes dokumentiert es auch die visuelle Sprache.

Lock-in: ein Einrastpunkt für ein digitales Produkt im Leben der Nutzer. Wir unterscheiden mentale Lock-ins, bei denen Nutzer bestimmte Tasks quasi automatisch, das heißt unbewusst, erledigen, und funktionale Lock-ins, die Nutzer an bestimmte Produkte binden.

Machine Learning: das weitgehend selbstständige Lernen heutiger KI-Systeme (→ Künstliche Intelligenz [KI]) aus großen Datenmengen in neuronalen Netzen.

Marketability: Marktfähigkeit. Ein Produkt ist marktfähig, wenn es einen ausreichend großen adressierbaren Markt dafür gibt.

Minimum Viable Product (MVP): Produkt, das im Unterschied zu einem Prototyp nicht nur zur Veranschaulichung dient, sondern bereits von echten Nutzern verwendet wird.

Monthly Active Users (MAUs): die Anzahl der in einem Monat aktiven uniquen Nutzer.

Moore's Law: die Prognose, dass sich die Transistorendichte von integrierten Schaltungen etwa alle 18 Monate verdoppelt. Geht zurück auf Gordon Moore, einen der Gründer von Intel.

Pivot: eine radikale Richtungsänderung in der Entwicklung eines Produkts oder eines Unternehmens.

Plattform: ein doppelseitiger Markt, auf dem sich Konsumenten und Produzenten treffen. Ein Geschäftsmodell, das Technologie einsetzt, um Menschen, Organisationen und Ressourcen in einem interaktiven Ökosystem miteinander zu verbinden.

Priming: in der Psychologie die Beeinflussung der Bearbeitung eines Reizes dadurch, dass zuvor unbewusst bestimmte Vorerfahrungen assoziiert wurden.

Product Thinking: das Denken in Produkten (statt zum Beispiel in Projekten oder Prozessen).

Real-time Bidding: der Kauf und Verkauf von Werbeinventar auf Basis einzelner Impressions über programmatische Auktionen in Echtzeit, ähnlich wie an den Finanzmärkten. Werbungtreibende bieten auf einzelne Impressions, und im Falle eines erfolgreichen Gebotes wird das Werbemittel sofort angezeigt.

Scrum: eine Methode der → agilen Software-Entwicklung mit kurzen, gleichbleibenden Entwicklungs- und Release-Zyklen. Wird auch in Entwicklungsprozessen außerhalb der Software-Entwicklung angewandt.

Service-Dominante Logik (S-DL): neuere Theorie in den Wirtschaftswissenschaften, der zufolge Konsumenten den Wert einer Ware nicht am eigentlichen physischen Produkt festmachen, sondern an dessen Gebrauchswert (→ Value in Use), der sich erst durch den Nutzer selbst realisiert.

Stage: bildlich eine Bühne, inhaltlich eine Phase oder Stufe in der Produktentwicklung.

Stakeholder Alignment: ein Schlagwort, das oft im Zusammenhang mit Change Management und Projektmanagement zu hören ist. Es steht für die notwendige Übereinstimmung der Key-Entscheider und anderer relevanter Akteure in wichtigen Grundsatzfragen.

Sunk Cost Fallacy: das Phänomen, an Investitionen aus der Vergangenheit festzuhalten und unter Umständen auch weiterhin zu investieren, obwohl veränderte Umstände dies nicht als sinnvoll erscheinen lassen.

Tipping Point: ein Punkt oder Moment, an dem eine vorher geradlinige und eindeutige Entwicklung durch bestimmte Rückkopplungen abrupt abbricht, die Richtung wechselt oder stark beschleunigt wird (qualitativer Umschlagspunkt).

Tweaks: (viele) kleine Veränderungen am Produkt mit dem Ziel, es (kontinuierlich) zu verbessern.

Two-Speed Organisation: eine Organisationsstruktur, in der verschiedene Bereiche in unterschiedlichen Geschwindigkeiten agieren können. Zum Beispiel schnelle, → agile Product Teams mit einem Mindset auf Trial & Error auf der einen Seite und eine robuste Product Factory mit Fokus auf prozesssicherer Skalierung und inkrementeller Verbesserung auf der anderen Seite.

Unfair Advantage: ein Vorteil, der sich nicht leicht kopieren oder kaufen lässt.

Unicorn: ein Start-up, dessen Bewertung über der Schwelle von 1 Milliarde US-Dollar liegt.

Usability: die Benutzbarkeit und Benutzerfreundlichkeit eines Produkts.

Use Case: ein Anwendungsfall für ein bestimmtes Produkt (Güter und Dienstleistungen) oder eine bestimmte Technologie.

User-Centered Design: nutzerorientierte Gestaltung. Ein Gefüge von Prozessen, mit denen die Bedürfnisse, Wünsche und Einschränkungen von Nutzern in jeder Phase des Designprozesses eingehende Aufmerksamkeit bekommen. User-Centered Design ist nicht beschränkt auf das Design von Interfaces oder Technologie.

User Experience (UX): die Nutzererfahrung, bezogen auf die Emotionen und die Einstellung bei der Nutzung eines Produkts.

User Experience Design (UXD): das Design der → User Experience.

User Interface (UI): Nutzeroberfläche.

Utility: der Nutzen eines Produkts.

Value in Exchange: Tauschwert, im Unterschied zum → Value in Use.

Value in Use: Gebrauchswert, im Unterschied zum → Value in Exchange.

Value Proposition: Nutzenversprechen.

Viability: die wirtschaftliche Darstellbarkeit eines Produkts.

Walled Garden: eine geschlossene Plattform oder ein geschlossenes Ökosystem, auf der bzw. in dem der Anbieter die Kontrolle über Anwendungen, Inhalte und Medien hat und den Zugriff auf nicht zugelassene Anwendungen oder Inhalte beschränkt. Der Walled Garden steht im Gegensatz zu einer offenen Plattform, wo die Nutzer in der Regel uneingeschränkten Zugriff auf Anwendungen und Inhalte haben.

QUELLEN-
VERZEICHNIS

Quellenverzeichnis

Ahmed, Ajaz et al. (2012). Velocity: The Seven New Laws for a World Gone Digital. Vermilion. `NEXT`

Andreessen, Marc (2007). The three kinds of platforms you meet on the Internet. blog.pmarca.com/pmarchive.com.

Andreessen, Marc (2011). Why Software Is Eating The World. Wall Street Journal.

Averdung, Axel (2013). Erfolgreiches Management von Marketingagenturen im Wandel: Differenzierende Kompetenzen als strategischer Wettbewerbsvorteil. Springer Gabler. `NEXT`

B

Bard, Alexander (2012). The Futurica Trilogy. Stockholm Text.

Bard, Alexander (2012).The Internet Revolution. nextco.nf/2m6PmdM.

Blaase, Nikkel (2015). Why Product Thinking is the next big thing in UX Design. medium.com.

Blank, Steve (2013). The Four Steps to the Epiphany. K&S Ranch Press.

Blank, Steve (2013). Why the Lean Startup Changes Everything. Harvard Business Review, May 2013.

Blank, Steve et al. (2012). The Startup Owner's Manual: The Step-By-Step Guide for Building a Great Company. K&S Ranch Press.

Brown, Tim (2009). Change by Design: How Design Thinking Transforms Organizations and Inspires Innovation. HarperBusiness.

Butlitsky, Michael (2013). The World is a Product. MindtheProduct.com.

C

Cagan, Marty (2008). Inspired: How To Create Products Customers Love. SVPG Press.

Cardone, Grant (2011). The 10x Rule: The Only Difference Between Success and Failure. Wiley.

Choudary, Sangeet Paul (2015). Platform Scale. Platform Thinking Labs.

Choudary, Sangeet Paul et al. (2015). APIs and Platforms: How Interfaces and Access Enable the Networked Economy. platformed.info.

Christensen, Clayton (1997). The Innovator's Dilemma. HarperBusiness.

Christensen, Clayton (2003). The Innovator's Solution: Creating and Sustaining Successful Growth. Harvard Business School Press.

Cooper, Robert G. (2001). Winning at New Products. Basic Books.

Croll, Alistair et al. (2013). Lean Analytics: Use Data to Build a Better Startup Faster. O'Reilly Media.

Curedale, Robert (2013). Service Design: 250 Essential Methods. Design Community College Inc.

DIN EN ISO 9241-210 (2010). Prozess zur Gestaltung gebrauchstauglicher interaktiver Systeme. ISO.

Dixon, Chris (2015). The Full-Stack Startup. Everything we've said about this trend, all in one place. a16z.com.

Doctorow, Cory (2014). The internet as a force for liberation, not enslavement. nextco.nf/2m6ZZxx. NEXT

Doctorow, Cory (2015). Information Doesn't Want to be Free: Laws for the Internet Age. McSweeney's Publishing. NEXT

Dolata, Ulrich (2013). The Transformative Capacity of New Technologies: A Theory of Sociotechnical Change. Routledge.

Dreifuss, Henry (1955). Designing for People. Simon & Schuster.

Dyson, George (2012). Turing's Cathedral. Pantheon. NEXT

Dyson, George (2012). Turing's Cathedral. nextco.nf/2m7olnO. NEXT

Ellis, Sean (2010). Find a Growth Hacker for Your Startup. startup-marketing.com.

Eriksson, Martin (2015). The History and Evolution of Product Management. mindtheproduct.com.

Eyal, Nir (2013). Hooked: How to Build Habit-Forming Products.

Ferriss, Timothy (2016). Tools of Titans: The Tactics, Routines, and Habits of Billionaires, Icons, and World-Class Performers. Vermilion.

Fielding, Roy (2000). Architectural Styles and the Design of Network-based Software Architectures. University of California, Irvine.

Foreman, John W. (2013). Data Smart: Using Data Science to Transform Information into Insight. Wiley.

Foster, Richard (2012). Creative Destruction Whips through Corporate America. Innosight Executive Briefing Winter 2012.

Frahm, Klaus Peter et al. (2016). The Product Field Reference Guide.

Frost, Brad (2016). Atomic Design.

Geest, Yuri van (2015). Exponential Organizations – The New Normal. nextco.nf/2m74YOK.

Geest, Yuri van et al. (2014). Exponential Organizations. Diversion Books.

Gengnagel, Christoph et al. (2015). Rethink! Prototyping: Transdisciplinary Concepts of Prototyping. Springer International Publishing.

Gorbis, Marina (2013). The Nature of the Future: Dispatches from the Socialstructed World. Free Press.

Gorbis, Marina (2013). The Nature of the Future: The Socialstructed World. nextco.nf/2m7hvBF.

Griffin, Tren (2016). Two Powerful Mental Models: Network Effects and Critical Mass. Andreessen Horowitz, a16z.com.

Grove, Andrew (1997). Only the Paranoid Survive. HarperCollins Business.

Hagel, John (2015). The Power of Platforms. Deloitte University Press.

Hammersley, Ben (2013). Approaching the Future: 64 Things You Need to Know Now for Then. Soft Skull Press.

Hansen, Jared (2015). How to Jumpstart User Testing: 16 Tools to Craft Better Products. Silver Fox Marketing Group.

Laurent Haug (2015). The Ongoing Reinvention of Shopping. nextco.nf/2m8DoAI.

Hinssen, Peter (2015). The Network Always Wins. nextco.nf/2m8RgLa.

Hinssen, Peter (2015). The Network Always Wins: How to Influence Customers, Stay Relevant, and Transform Your Organization to Move Faster than the Market. Mcgraw-Hill Education.

Jarvis, Jeff (2009). The Great Restructuring. nextco.nf/2m9jeX9.

Jarvis, Jeff (2009). What Would Google Do? HarperBusiness.

Jobs, Steve (2007). iPhone Introduction.

Kaushik, Avinash (2009). Web Analytics 2.0: The Art of Online Accountability and Science of Customer Centricity. Sybex.

Keen, Andrew (2011). Why Data Must Remain Neutral. nextco.nf/2m9jaXn.

Keen, Andrew (2015). The Internet Is Not the Answer. Atlantic Monthly Press.

Kelley, Tom (2001). The Art of Innovation: Lessons in Creativity from Ideo, America's Leading Design Firm. Crown Business.

Knapp, Jake et al. (2016). Sprint: How to Solve Big Problems and Test New Ideas in Just Five Days. Simon & Schuster.

Krishna, Golden (2015). The Best Interface Is No Interface: The simple path to brilliant technology. New Riders.

Krishna, Golden (2016). The Best Interface Is No Interface. nextco.nf/2m998pc.

Kumar, Vijay (2012). 101 Design Methods: A Structured Approach for Driving Innovation in Your Organization. Wiley.

Lacy, Sarah (2008). The Stories of Facebook, Youtube and Myspace: The People, the Hype and the Deals Behind the Giants of Web 2.0. Crimson Publishing.

Lacy, Sarah (2011). Brilliant, Crazy, Cocky: How the Top 1% of Entrepreneurs Profit from Global Chaos. nextco.nf/2m9qthP.

Laschke, Matthias et al. (2011). Things with attitude: Transformational Products. Conference Paper.

Leberecht, Tim (2015). Business-Romantiker: Von der Sehnsucht nach einem anderen Wirtschaftsleben.

Leberecht, Tim (2015). The Future of Business is Romantic. nextco.nf/2m9wIlx.

Lockwood, Thomas (2009). Design Thinking: Integrating Innovation, Customer Experience, and Brand Value. Allworth Press.

Lucier, Charles E. et al. (1997). 10x Value: The Engine Powering Long-Term Shareholder Returns. strategy+business, Third Quarter 1997/Issue 8 (originally published by Booz & Company).

Mattin, David (2016). Trendwatching 2017. nextco.nf/2m9c9FP.

Mattin, David et al. (2015). Trend-Driven Innovation: Beat Accelerating Customer Expectations. Wiley.

Maurya, Ash (2012). Running Lean. O'Reilly Media.

McElroy, Kathryn (2017). Prototyping for Designers. Developing the Best Digital and Physical Products. O'Reilly Media.

Nahai, Nathalie (2012). Webs of Influence: The Secret Strategies That Make Us Click. Pearson. NEXT

Nahai, Nathalie (2016). The Psychology Behind Successful Products. nextco.nf/2m9tzlX. NEXT

Negroponte, Nicholas (1995). Being Digital. Alfred A. Knopf.

Norman, Donald A. (1988). The Design of Everyday Things. Basic Books.

Nudelman, Greg (2014). The $1 Prototype: Lean Mobile UX Design and Rapid Innovation for Material Design, iOS8, and RWD. DesignCaffeine Press.

Osterwalder, Alexander et al. (2010). Business Model Generation: A Handbook For Visionaries, Game Changers, And Challengers. Wiley.

Parker, Geoffrey G. et al. (2016). Platform Revolution. W. W. Norton & Company.

Peppers, Don (2013). Explaining Customer Centricity With a Diagram. LinkedIn Pulse.

Polaine, Andy (2013). Service Design: From Insight to Implementation. Rosenfeld Media.

Poppendieck, Mary et al. (2003). Lean Software Development: An Agile Toolkit. Addison-Wesley Professional.

Prendiville, Alison (2016). Connectivity through Service Design. In: The Routledge Companion to Design Studies. Edited by Sparke, Penny et al. Routledge.

R

Ries, Eric (2011). The Lean Startup: How Today's Entrepreneurs Use Continuous Innovation to Create Radically Successful Businesses. Crown Business.

Ritter, Frank E. et al. (2014). Foundations for Designing User-Centered Systems. Springer London.

S

Scoble, Robert (2013). The Age of Context. nextco.nf/2m9rCpH.

Scoble, Robert et al. (2016). The Fourth Transformation: How Augmented Reality & Artificial Intelligence Will Change Everything. Patrick Brewster Press.

Sehested, Claus et al. (2011). Lean Innovation: A Fast Path from Knowledge to Value. Springer-Verlag.

Shapiro, Carl et al. (1999). Information Rules. A Strategic Guide to the Network Economy. Harvard Business School Press.

Simon, Herbert A. (1962). The Architecture of Complexity. Proceedings of the American Philosophical Society, Vol. 106, No. 6 (Dec. 12, 1962), pp. 467–482.

Simonds, Francesca (2016). Human Centred Design vs Design Thinking vs Service Design vs UX .... What do they all mean? LinkedIn Pulse.

Skarin, Mattias (2015). Real-World Kanban: Do Less, Accomplish More with Lean Thinking. Pragmatic Bookshelf.

Skok, Michael (2012). Must-read for founders: A VC explains how to build a killer value proposition. VentureBeat.

Smith, Adam (1776). An Inquiry into the Nature and Causes of the Wealth of Nations. W. Strahan and T. Cadell.

Smith, Benjamin (2015). A New Business Model for the Web? The Subscription Wars Are Here. Observer.com.

Solis, Brian (2015). X: The Experience When Business Meets Design. Wiley.

Solis, Brian (2016). The Future of Brand, Tech & Business is Experience. nextco.nf/2m9tazY.

Stellma, Andre et al. (2013). Learning Agile: Understanding Scrum, XP, Lean, and Kanban. O'Reilly Media.

Sterling, Bruce (2005). Shaping Things. The MIT Press.

Sterling, Bruce (2013). Fantasy Prototypes and Real Disruption. nextco.nf/2m9t23v.

Stickdorn, Marc et al. (2011). This is Service Design Thinking. Wiley.

Sutherland, Jeff (2014). Scrum: The Art of Doing Twice the Work in Half the Time. Crown Business.

Tariq, Ali Rushdan (2015). A Brief History of User Experience. blog.invisionapp.com.

Tetzeli, Rick (2016). Playing The Long Game Inside Tim Cook's Apple. in: Fast Company, September 2016.

Thiel, Peter et al. (2014). Zero to One: Notes on Startups, or How to Build the Future. Crown Business.

Thompson, Ben (2013). What Clayton Christensen Got Wrong. Stratechery.

Thompson, Ben (2015). Aggregation Theory. Stratechery.

Vargo, Stephen L. and Lusch, Robert F. (2004). Evolving to a New Dominant Logic for Marketing. Journal of Marketing 68 (January): pp. 1–17.

Vargo, Stephen L. and Lusch, Robert F. (2008). Service-Dominant Logic: Continuing the Evolution. Journal of the Academy of Marketing Science 36, pp. 1–10.

Vargo, Stephen L. and Lusch, Robert F. (2011). It's all B2B...and beyond: Toward a systems perspective of the market. Industrial Marketing Management 40, pp. 181–187.

Warfel, Todd Zaki (2009). Prototyping: A Practitioner's Guide. Rosenfeld Media.

Weinberger, David (2012). Too Big to Know. Basic Books. NEXT

Weinberger, David (2012). Unsettling Knowledge. nextco.nf/2m9sUko. NEXT

Wiggins, Adam (2011). The Twelve-Factor App. 12factor.net.

Wolfram, Stephen (2013). The Computational Knowledge Revolution. nextco.nf/2m9kgCp. NEXT

Wolfram, Stephen (2016). Idea Makers: Personal Perspectives on the Lives & Ideas of Some Notable People. Wolfram Media. `NEXT`

Wolpers, Stefan (2015). Lean User Testing: A Pragmatic Step-by-Step Guide to User Tests. Berlin Product People.

Mit `NEXT` sind Sprecher der NEXT Conference gekennzeichnet. Als führende Konferenz für die Digitale Transformation in Deutschland vermittelt die NEXT seit 2006 auf inspirierende Art und Weise, was Konsumenten in naher Zukunft bewegen wird. Die Konferenz ist eingebettet in das Hamburger Reeperbahn Festival mit mehr als 40.000 Teilnehmern und 700 Konzerten, Events und Fachveranstaltungen. nextconf.eu

IMPRESSUM

1. Auflage 2017

CC BY-NC-ND 4.0
Matthias Schrader, SinnerSchrader

Alle Texte und Abbildungen in diesem Buch sind unter Creative Commons BY-NC-ND 4.0 lizenziert. Sie können kopiert und mit anderen geteilt werden, vorausgesetzt der Autor wird als Urheber genannt. Nicht erlaubt sind die Veränderung und kommerzielle Nutzung der Texte und Abbildungen.

IMPRESSUM

Autor
Matthias Schrader

Verlag
Next Factory Ottensen
SinnerSchrader Aktiengesellschaft
Völckersstr. 38
22765 Hamburg
+49 40 39 88 55 0
nextfactory@sinnerschrader.com

Buchkonzept/Gestaltung
Stellavie – Heidemann und Klein GbR

Druck/Produktion
Kösel GmbH & Co. KG, Altusried

Material/Papier
Winter+Company Skivertex Matara
Geese Aspero, 1,5 fach, 100g/m2

Schriften
Noe Text, Maison, Maison Mono

ISBN
978-3-9818711-0-4

goto 1